2060

可预见的未来

杨　鹏◎著

Foreseeable future

经济管理出版社
ECONOMY & MANAGEMENT PUBLISHING HOUSE

图书在版编目（CIP）数据

2060：可预见的未来/杨鹏著 . —北京：经济管理出版社，2023.9
ISBN 978-7-5096-9228-8

Ⅰ.① 2…　Ⅱ.①杨…　Ⅲ.①科学预测—世界—2060　Ⅳ.①G303

中国国家版本馆 CIP 数据核字（2023）第 170170 号

组稿编辑：张巧梅
责任编辑：张巧梅
责任印制：许　艳
责任校对：陈　颖

出版发行：经济管理出版社
　　　　　（北京市海淀区北蜂窝 8 号中雅大厦 A 座 11 层　100038）
网　　址：www. E-mp. com. cn
电　　话：（010）51915602
印　　刷：唐山玺诚印务有限公司
经　　销：新华书店
开　　本：880mm×1230mm/32
印　　张：9. 25
字　　数：208 千字
版　　次：2024 年 3 月第 1 版　　2024 年 3 月第 1 次印刷
书　　号：ISBN 978-7-5096-9228-8
定　　价：88. 00 元

前　言

　　人类正处在走向新时代的关键节点，面临着环境恶化、气候变暖、能源枯竭、人口压力、贫富差距加大等一系列前所未有的共同危机，未来的发展方向和可能路径究竟如何？2600 年前古希腊七贤之一庇塔库斯曾说："智者的事情是在灾难来到之前预知灾难，勇者的事情是在灾难发生后应对灾难。"面对 2060 年，人类还有太多的问题需要共同解决，人类还有太多的挑战需要共同应对。影响未来的全球性因素主要有四个：人口变化、自然资源、全球化、气候变迁，这些因素将系统性引发全球环境、人类城市以及发展转型和技术突破等方面的深刻变革。

　　在世界百年未有之大变局背景下，新冠疫情让世界局势变得更加扑朔迷离，人类社会究竟将发生怎样的变革？在新一轮技术革命和产业变革背景下，在新技术和未来产业加持下，全球人口将会达到 100 亿人远景规模，疫情后的变化是否会让人类生活变得更加美好？我们身处地球这个共同家园，既要面对碳排放所引起的气候变化，也要解决人类生产生活带来的各类污染，努力让我们的家园更加绿色，让我们的城市更加宜居，同时也要解决粮食这样需要共同应对的问题，还要面对人工智能、机器人、新能源、医学等领域突飞猛进对人类社会所带来的变革影响。否则，人类必须要加快"迁徙"的步伐。

　　未来，随着医学技术的不断进步，人类寿命将继续延长，人工智能将接近人脑水平，机器人将承担人类的更多体力工作，而更远的乃至100年后究竟如何是现在的人类所难以把握的。但可以肯定的是，这些变化对人类的生活方式、生产方式、教育模式、社会模式乃至政治体系将产生极大的影响甚至是冲击性的挑战。对未来的判断、对趋势的把握，必须基于大量既有的充分预测和研究判断。而预测或预期未来的关键就是基于当前关键领域所发生和即将发生的变革，聚焦人类自身和经济社会发展趋势，梳理和描绘出一个更加清晰、更具可见性的未来愿景。

　　但，未来往往并不如人们所预期，不同的领域、不同的行业有着不同的表现，未来在意料之内，也在意料之外。2060年，是一个大体可以预见的未来！

目　录

环境：气候变化和塑料污染

城市：人类的美好家园

转型：数字革命和工业革命新视角

粮食：人类共同的问题

技术：面向未来的突破

2060：抵达火星？

参考文献

人口：

超100亿？非洲人口

人口是社会生产生活的主体，也是经济社会发展的基础。19世纪英国经济学家托马斯·罗伯特·马尔萨斯（Thomas Robert Malthus）认为，人口会比食物供给增长得更快，从而引发饥荒和突然的经济衰退，这种兴衰交替的模式被称为"马尔萨斯周期律"①。20世纪后半叶，全球人口的迅速增长和资源消耗的急速加剧，给整个生物界带来了新的压力。从长远看，人类与环境的关系变化最终将成为20世纪人类历史上最重要的变化②，也将延续影响21世纪的全球发展与经济变革。

12000年前，地球上的人口只有100万人，相当于2021年美国蒙大拿州或罗德岛州的人口规模，而2021年中国城区人口规模超过100万的城市达到105个。直到1800年，世界人口才增长到10亿，之后不断飙升，1930年突破20亿，1960年突破30亿，1975年突破40亿，1987年突破50亿，1999年突破60亿，2011年突破70亿。11800年、130年、30年、15年、12年、12年，世界人口每增加10亿的时间在不断缩短③。2022年11月15日，全球人口达到80亿，预计到2037年将增长到90亿，增长到100亿可能只需到2080年。

---

① ［美］大卫·克里斯蒂安. 极简人类史：从宇宙大爆炸到21世纪［M］. 王睿译，中信出版集团，2016.

② ［美］J. R. 麦克尼尔. 阳光下的新事物：20世纪世界环境史［M］. 韩莉，韩晓雯译，商务印书馆出版社，2013.

③ ［美］劳伦斯·史密斯. 2050：人类大迁徙［M］. 廖月娟译，浙江人民出版社，2016.

1989 年，联合国将 7 月 11 日定为"世界人口日"，以引起国际社会对人口问题的重视。到 21 世纪末，地球上可能有多达 100 亿人居住，如何应对和解决人口问题已成为构建人类命运共同体的重要保障和基本前提①。一直以来，世界人口峰值始终都是全球关注的问题，这涉及未来的世界发展格局和经济发展走势等一系列问题。但人口问题绝不仅仅是规模总量的问题，更涉及很多结构性问题，例如老龄化、少子化和社会结构、城市结构以及教育结构等，这些问题在发达国家已经显著出现，对正在努力实现第二个百年奋斗目标、迈向共同富裕和中等发达国家的中国而言，都将是必然面对的问题。

一、世界人口的峰值：97 亿或超 100 亿

基因证据显示距今 7 万年前，地球人口只有几千人而已。人口统计学家马西姆·利维巴奇（Massimo Livi-Bacci）提出了一个颇具影响力的推测，认为在距今 3 万年前，世界人口仅有几十万人，但到了距今 1 万年前，人类可能已达到 600 万左右。如果假定距今 3 万年前世界人口为 50 万，意味着在距今 3 万年到 1 万年前这段

---

① 2012 年 11 月，党的十八大报告明确提出"要倡导人类命运共同体意识，在追求本国利益时兼顾他国合理关切"。2017 年 10 月，党的十九大报告指出"构建人类命运共同体，建设持久和平、普遍安全、共同繁荣、开放包容、清洁美丽的世界"。2021 年 7 月 6 日，习近平在中国共产党与世界政党领导人峰会上的主旨讲话中指出："人类是一个整体，地球是一个家园。面对共同挑战，任何人任何国家都无法独善其身，人类只有和衷共济、和合共生这一条出路。"

时期，世界人口的年增长率低于 0.01%，也就是说世界人口大致每 8000 年至 9000 年翻一番。而到了农耕时代则是每隔 1400 年翻一番，现代社会是每隔 85 年翻一番（见表 1）[①]。在农耕时代，世界人口由 1 万年前的 600 万增长到 1750 年现代社会初期的 7.7 亿，平均人口增长率也仅是 0.05%。随着人类足迹遍布地球，世界人口数量明显增加。1750~2000 年，世界人口从约 7.7 亿增加到近 60 亿，在 250 年间全球人口的数量增长近 8 倍，相当于每年人口增长 0.8%。根据经济学家安格斯·麦迪森（Angus Maddison）的估算，世界国内生产总值在 1700~2000 年增长了 90 倍以上，人均生产量提高了 9 倍，而生产力提高的很大原因是新技术的发现和推广。

表 1　人类历史三大时期比较

时期	时间	特征
第一时期：采集狩猎时代	公元前 25 万年~前 8000 年	小型族群，人口向全球迁移，大型动物灭绝，人口增长缓慢
第二时期：农耕时代	公元前 8000 年~1750 年	人口集聚，人口增长迅速，城市、国家、帝国出现，世界各地诞生不同文明
第三时期：近现代	1750 年至今	全球一体化，能源消费快速增长，物种灭绝速度加快，人类预期寿命延长

资料来源：［美］大卫·克里斯蒂安. 极简人类史：从宇宙大爆炸到 21 世纪［M］. 王睿译，中信出版集团，2016.

---

① ［美］大卫·克里斯蒂安. 极简人类史：从宇宙大爆炸到 21 世纪［M］. 王睿译，中信出版集团，2016.

1. 人口超过 90 亿近在咫尺，是否超 100 亿仍有待观察

长期以来，我们一直在担忧未来"人口爆炸"将令地球不堪重负。根据 2022 年 7 月联合国发布的《世界人口展望 2022》报告，全球人口在 2030 年和 2050 年将分别达到 85 亿、97 亿，到 21 世纪 80 年代达到约 104 亿，到 2100 年世界人口将接近 110 亿[①]。但突破 100 亿，对于已经异常脆弱的地球而言，将是一个极大的"重负"甚至是"灾难"。另外，由于全球新生婴儿数量不断减少，到 2100 年的时候，全球人口年增长率将降至 0.1% 以下。2020 年 7 月，华盛顿大学健康指标与评估研究所（IHME）发表于《柳叶刀》的报告预测，全球人口将在 21 世纪下半叶（2060 年前后）出现负增长。这项由比尔及梅琳达·盖茨基金会资助的研究对整个 21 世纪的"人口持续增长"提出质疑，认为 2064 年将是世界人口的拐点年，全球人口将达到峰值 97 亿，之后到 2100 年将逐渐下降到 88 亿。如果这项研究的预测足够准确的话，那么到 21 世纪末世界人口将比联合国的峰值预测少约 20 亿。根据 IHME 的预测，到 2100 年，全球人口前十位的国家依次为印度（10.9 亿）、尼日利亚（7.91 亿）、中国（7.32 亿）、美国（3.36 亿）、巴基斯坦（2.48 亿）、刚果（金）（2.46 亿）、印度尼西亚（2.29 亿）、埃塞俄比亚（2.23 亿）、埃及（1.99 亿）和坦桑尼亚（1.86 亿）。许多国家的生育率近几十年来显著下降，世界人口增长率在 2021

[①] 联合国经济和社会事务部：《世界人口展望 2022：发现提要》，2022 年 7 月。

年降至 1% 以下，为 1950 年以来首次出现，联合国预计在 2022~2050 年，61 个国家或地区的人口将减少 1% 或更多，在这一时期，超过一半的全球人口增长将集中在刚果（金）、埃及、埃塞俄比亚、印度、尼日利亚、巴基斯坦、菲律宾和坦桑尼亚 8 个国家。不同的国家面对人口问题将采取不同的政策，例如埃及，2023 年初，该国人口超过 1 亿，平均生育率从 2014 年的 3.5 人降至 2021 年的 2.8 人，仍有大量育龄妇女，到 2050 年，埃及人口预计将达到 1.6 亿，人口的不断增长给埃及社会稳定和经济发展带来重大挑战，因此埃及在 2020 年发起"两个就够了"的倡议，并实施计划生育政策。

《世界人口展望 2022》预测，印度人口在 2022 年达到 14.12 亿，而中国为 14.26 亿，印度将在 2023 年超越中国成为世界上人口最多的国家①，2050 年印度人口将达到 16.68 亿，中国为 13.17 亿，比中国多 3.51 亿人。预测显示，2023 年 4 月中旬，印度人口超过中国，成为全球人口最多的国家（但印度人口普查的效率和数据质量使得这一节点的判断存在很大的不确定性），在 20 世纪下半叶大部分时间里，印度人口都在快速增长，每年增长接近 2%，印度在 1952 年就启动了计划生育项目，到 1976 年首次制定国家人口政策，早于韩国、马来西亚和泰国等亚洲国家。新一代

---

① 关于印度人口何时超过中国的问题，国际上的预测一直在调整且提前。联合国经济和社会事务部在 2013 年 6 月发布《世界人口展望：2012 年修订版》，预计印度将在 2018 年左右超过中国成为全世界人口最多的国家。根据《世界人口展望 2022》中方案，印度人口将在 2023 年超过中国。

的印度年轻人将成为知识经济和网络经济最大的消费群体和劳动力来源，印度或将成为全球最大的人才库①。到2050年，人口出现萎缩的国家或地区数量将增至55个，其中26个国家或地区人口萎缩将超过10%，全球妇女平均生育率由1990年的3.2降至2050年的2.2。到21世纪末，23个国家的人口将减少一半以上，中国人口将减少一半左右（见表2）。

表2　2022年、2050年、2100年全球人口排名前十位国家预测

排名	2022年		2050年		2100年	
	国家	人口（亿人）	国家	人口（亿人）	国家	人口（亿人）
1	中国	14.26	印度	16.68	印度	10.9
2	印度	14.12	中国	13.17	尼日利亚	7.91
3	美国	3.37	美国	3.75	中国	7.32
4	印度尼西亚	2.75	尼日利亚	3.75	美国	3.36
5	巴基斯坦	2.34	巴基斯坦	3.66	巴基斯坦	2.48
6	尼日利亚	2.16	印度尼西亚	3.17	刚果（金）	2.46
7	巴西	2.15	巴西	2.31	印度尼西亚	2.29
8	孟加拉国	1.7	刚果（金）	2.15	埃塞俄比亚	2.23
9	俄罗斯	1.45	埃塞俄比亚	2.13	埃及	1.99
10	墨西哥	1.27	孟加拉国	2.04	坦桑尼亚	1.86

注：2022年和2050年各国人口数据为联合国预测，2100年为IHME预测。

---

① Sutic Biswas, Is India ready to become the world's most populous country?, BBC, Nov 25, 2022, https：//www.bbc.co.uk/programmes/w3ct33pw.

20 世纪 50 年代，全球人口增长率仅有 1.73%，到 1963 年达到峰值 2.27%，之后则逐渐放缓，到 90 年代后降至不足 1.5%，2020 年更是跌破 1%，到 21 世纪 40 年代全球人口增长率将不足 0.5%。未来几十年，世界人口版图将发生较大变化。但世界人口规模在未来 30 年内缩小的可能性远比最初的预测要大得多，人口老龄化和低生育率导致人口的巨大变化，比想象中的要早①。生育率下降的原因主要有两方面：一方面，各国都面临生育率下降的严峻挑战，但社会制度应对婴幼儿死亡率下降、教育水平提高、家庭计划普及、女性积极参与社会活动等变化则明显迟缓；另一方面，女性加入劳动力市场推迟了生育年龄，富裕国家房地产价格的上涨限制了多子女家庭的发展。同时，教育的发展、更有效的避孕措施也造成了不同程度的影响。

2. 决定因素：人口生育率和老龄化程度

无论是联合国的预测还是 IHME 的预测，未来决定全球人口规模的两个关键因素将是人口生育率和老龄化程度，人口生育下降和人口老龄化将会塑造新的全球力量格局。联合国与 IHME 的预测数字之间存在差异，主要原因在于生育率。所谓的稳定人口"替代率"是指为了使一个没有移民的社会保持人口稳定，每个妇女必须平均生育 2.1 个孩子。目前，没有哪个欧洲国家能达到这个水

---

① 汇丰银行经济学家詹姆斯·波默罗伊和《空荡荡的地球：全球人口下降的冲击》作者达雷尔·布里克和约翰·伊比特森均持有相同的观点。

平，2020年德国的总和生育率为1.53，法国为1.83，意大利仅为1.24。韩国的总和生育率只有0.84，在经合组织（OECD）38个成员国中排名倒数第一。如果没有移民，德国从1970年起人口就会萎缩。联合国的预测假设，低生育率国家的总和生育率会随着时间的推移增加到1.8，而IHME认为，随着女性受教育程度的提高和获得生殖健康服务机会的增加，全球平均总和生育率将从2.37降低到2100年的1.66①，许多国家（尤其是发达国家）的总和生育率将减至1.20~1.41。这其中所涉及的因素较多，例如女性地位的提升、家庭观念的改变、教育模式的改善，甚至包括互联网的广泛普及可能都将对人口生育率产生不同程度的影响。随着全球生育率下降和预期寿命增加，5岁以下儿童的数量预计减少40%以上，从2017年的6.81亿减少到2100年的4.01亿；65岁以上人口的数量将达到23.7亿，超过全球人口的1/4；80岁以上人口的数量将从1.4亿激增到8.66亿。

联合国人口统计学家萨拉·赫托格（Sara Hertog）认为，影响一个国家总和生育率的因素有很多，最重要的因素包括人类发展水平、女性受教育机会、就业机会以及计划生育信息的获取机会。当女性拥有与男性同龄人一样的受教育机会时，女性在未来生活中将拥有更多机会，并倾向于生育较少的子女，这可能是因为女性在寻

---

① Vollset, S. E., Goren, E., Yuan, C. W., et al., Fertility, Mortality, Migration, and Population Scenarios for 195 Countries and Territories from 2017 to 2100: A Forecasting Analysis for the Global Burden of Disease Study, Jul. 14, 2020, https://www.thelancet.com/journals/lancet/article/PIIS0140-6736 (20) 30677-2/fulltext.

求教育和就业机会的同时，将更多选择推迟生育。此外，城市化水平越高，生育率往往越低。城市地区在工业化中通常会经历"人口转型"——从高出生、较高死亡率向低出生、低死亡率过渡。2021 年全球总和生育率约为 2.3，高于人口世代更替水平（日本将人口世代更替标准设定为 2.06 左右），未来全球人口增长仍将是大的趋势，高收入国家总和生育率较低，仅为 1.5，低收入国家总和生育率高达 4.7，生育率最高的国家绝大多数都集中在非洲，将成为未来全球人口增长的引擎区域。

表 3　2020 年全球人口生育率前 20 位和后 20 位国家/地区

单位：%

排序	国家/地区	总和生育率	排序	国家/地区	总和生育率
1	尼日尔	6.74	20	白俄罗斯	1.38
2	索马里	5.88	19	波兰	1.38
3	刚果（金）	5.72	18	中国香港	1.37
4	马里	5.69	17	芬兰	1.37
5	乍得	5.55	16	卢森堡	1.37
6	安哥拉	5.37	15	阿联酋	1.37
7	尼日利亚	5.25	14	希腊	1.34
8	布隆迪	5.24	13	日本	1.34
9	冈比亚	5.09	12	塞浦路斯	1.31
10	布基纳法索	5.03	11	马其顿	1.3
11	坦桑尼亚	4.77	10	摩尔多瓦	1.28
12	莫桑比克	4.7	9	中国澳门	1.24
13	乌干达	4.7	8	波黑	1.24
14	贝宁	4.7	7	意大利	1.24
15	中非	4.57	6	西班牙	1.23

排序	国家/地区	总和生育率	排序	国家/地区	总和生育率
16	几内亚	4.55	5	乌克兰	1.22
17	南苏丹	4.54	4	马耳他	1.13
18	科特迪瓦	4.54	3	新加坡	1.1
19	赞比亚	4.5	2	波多黎各	0.9
20	塞内加尔	4.49	1	韩国	0.84

3. 人口下降究竟是好还是坏

这个问题很难下定论，但有一点是可以肯定的，过快的人口下降存在较多不利影响，尤其是对全球经济发展。但从好的方面来讲，人口下降将减轻全球粮食生产和资源消耗压力以及减少碳排放量，同时人类对地球的索取将能够控制在一个可控的范围。非洲以外的大多数国家将看到劳动力减少和人口结构金字塔倒置，将对不少国家的经济、社会、家庭产生深远的影响。撒哈拉以南非洲部分地区将因人口增长创造更多的经济机会。对于高收入国家，维持人口水平和经济增长的最佳方案是对想要孩子的家庭采取灵活的移民政策和更多的社会支持。由于人口减少，经济增长、财政稳定和社会凝聚力变得更加难以维持。在许多发达经济体中，解决这些问题的办法将是提高税收、减少福利、延迟退休等。一个变通的做法是增加移民以维持适龄劳动人口规模。日本则寻求把机器人技术作为超低生育率的弥补方式。

人口问题会对一个国家产生哪些影响？要从规模、结构和素质三个方面来看，人口规模不一定是越大越好，人口过多会对资源环境等方面的持续发展构成压力，尤其是在人均资源偏少甚至匮乏的情况下；人口结构（老化）会影响经济活力与科技创新，将促使技术的迭代升级和产业的新旧替代，市场在面临挑战的同时也孕育新的契机；人口素质提升可以弥补劳动力数量减少等问题，这是不容忽视的，这将是人口问题的最终解决路径，即将人口规模红利转向人口素质红利。

4. 全球人口的规模位势变化

到 21 世纪末，除非有大量移民涌入，否则 195 个国家①中将有 183 个国家的总和生育率跌破保持人口水平的替代率临界值。亚洲（尤其是东亚地区）和欧洲将会出现人口骤减现象，如果没有极其有效的应对措施，包括日本、韩国、西班牙、泰国、意大利、葡萄牙和波兰在内的 23 个国家/地区的人口将减少一半；巴西、孟加拉国、俄罗斯、日本将会退出世界十大人口大国行列，全球人口最多的 10 个国家将有 5 个非洲国家（尼日利亚、刚果（金）、埃塞俄比亚、埃及和坦桑尼亚），印度尼西亚和美国仍在前十位，美国可能将保持在前 5 位之内，人口将从 2021 年的 3.32 亿增至 2100 年的 3.36 亿。IHME 预测，中国或将减少近一半的人口，适龄劳动力人口（16～59 岁的劳动年龄人口）的减少将阻碍中国经

---

① 截至 2022 年底，全球共有 197 个国家被国际普遍承认，其中 193 个国家为联合国会员国，梵蒂冈、巴勒斯坦、纽埃、库克群岛四国为国际普遍承认，其中梵蒂冈和巴勒斯坦为联合国观察员国。

济的持续性增长。与此同时，撒哈拉以南非洲的人口将增加 3 倍，达到 30 亿左右，仅尼日利亚的人口在 2100 年就将扩大到近 8 亿，仅次于印度的 11 亿，且高于中国，适龄劳动人口将从 8600 万人增至 2100 年的 4.5 亿人。同时，适龄劳动人口的数量和比例急剧下降将带来严峻挑战，在工人和纳税人较少的情况下经济将难以实现持续增长。中国的适龄劳动人口数量将从 2021 年的 8.82 亿下降到 21 世纪末的 3.5 亿，降幅高达 60%，而印度的适龄劳动人口数量的下降预计不会很严重，将从约 9 亿下降到 5.78 亿。

5. 改变经济影响力次序

中国的国内生产总值将在 2036 年超过美国，但之后因为人口数量下降，将可能在 21 世纪下半叶被美国"反超"。印度的国内生产总值将可能在 2030 年前成为全球第三大经济体[①]，日本、德国、法国和英国仍居世界前十大经济体之列。未来 30 年印度经济每年平均增长 5%，到 2050 年印度的国内生产总值将占全球的 15%；巴西成为世界矿业、农业、制造业大国，服务业和旅游业快速成长；越南、菲律宾、尼日利亚都将出现极大成长，其中非洲最大经济体尼日利亚的经济总量在 2050 年前将以 4.2% 的年均增速攀升至全球第 14 位，成为重要的新兴市场国家。到 2050 年，中国、印度、美国、印度尼西亚、巴西、俄罗斯、墨西哥、日本、

---

① 根据摩根士丹利投资银行预测，到 2031 年，印度国内生产总值（GDP）规模将超过 7.5 万亿美元，是 2021 年的 2.37 倍，印度将在外包、制造业投资、能源转型以及先进数字基础设施的推动下实现经济繁荣。

德国和英国将是全球十大经济体①。到21世纪末，世界将形成多极局面，中国、美国、印度和尼日利亚将是主导大国。

6. 人口脱贫依然是全球大事

自1978年改革开放以来，中国逾8.5亿人摆脱了贫困，占同一时期全球减贫人口的70%。贫困地区中，有的受制于交通闭塞，有的受制于不适合种植作物的大片贫瘠土地，一些人因疾病而陷入贫困，一些人因年老和丧失劳动能力陷入困境，缺乏教育或工作技能也会阻碍许多人的发展。联合国经济和社会事务部估计，在最悲观的情况下，到2030年，全球仍将有超过11亿人（占世界人口的13%）生活在极端贫困中，即使在最乐观的情况下，经济出现前所未有的增长，全球仍将有接近3%的人口处于贫困状况。联合国2030年可持续发展议程将减贫视为首要任务。贫困不仅仅是新兴国家和发展中国家的问题，发达国家同样存在贫富差距拉大的现象，"相对贫困"问题更加严重。

二、全球人口是否太多

对于地球人口承载极限的担忧可以追溯到1798年托马斯·罗伯特·马尔萨斯的《人口论》。20世纪60年代，第一波环保运动

---

① The World in 2050, Pricewater house Coopers, Feb 7, 2017, https://www.pwc.com/gx/en/research-insights/economy/the-world-in-2050.html.

带来了对全球人口数量的反思。1972 年，由知名政治家、经济学家、科学家和外交官组成的罗马俱乐部发表了《增长的极限》，该报告利用计算机建模，预言如果按照当时的人口增长和资源消耗趋势，全球系统将在 20 世纪中后期崩溃。这些趋势确实持续了下去，然而到目前为止全球文明未见崩溃。农业"绿色革命"从 20 世纪 60 年代末开始见效，让更多的人能够得到更高程度的食物保障。随着劳动人口激增，发展中经济体正在收获年轻、充满活力的人口带来的好处，就像发达经济体在早期所经历的[①]。

1. 死亡率降低使人口激增

防治传染病的成功以及医疗条件不断进步，显著提高了人类生存机会。19 世纪 50 年代，英国伦敦人口的平均寿命只有 40 岁左右，1/4 的儿童活不到 5 岁，现代流行病之父约翰·斯诺通过对伦敦索霍区霍乱疫情中的病例居住地址的分析，将感染源头锁定在一个饮用水泵上，证明了霍乱病毒传播与饮用水之间的关系，并由此制定了相应的防疫措施，阻断了霍乱病毒的蔓延[②]。从 19 世纪迅速实现工业化的经济体开始，健康和卫生方面的一系列改善让全球人口死亡率显著降低。与此同时，效率更高的农业生产和营养改善使更多人能够在没有极度饥饿的情况下生活得更舒适、

---

① Richard Webb. The population debate：Are there too many people on the planet?，Newscientist，Nov 11，2020，https：//www.newscientist.com/article/mg24833080－800－the－population－debate－are－there－too－many－people－on－the－planet/.

② [美] 戴尔德丽·马斯克. 地址的故事 [M]. 徐萍，谭新木译，上海社会科学院出版社，2022.

更长寿。在西欧，人们的平均寿命从 1820 年的 36 岁提高到目前的约 80 岁。在撒哈拉以南非洲，平均寿命从半个世纪前的 44 岁上升到了 60 多岁。

2. 人口激增导致过度索取

在人口数量减少的情况下，温室气体排放、污染和废料排放将随之减少，人类以及自然界的其他成员将会有更多生存和繁荣的空间。生物多样性退化是人口数量不断增加、不可持续消费的结果，人类对自然界造成前所未有的全球性影响，而人口数量是关键驱动因素，当前最为紧迫的是气候变化。人类对大自然和环境的过度索取主要取决于三个因素：人均物质消费量、技术将自然资源转化为消费产品的效率以及地球上有多少人。但通常情况下，人口规模所带来的影响往往被忽视或低估。2017 年，瑞典隆德大学的金伯莉·尼古拉斯和塞思·怀恩斯对发达经济体民众可能采取什么措施来减少碳足迹进行了研究，认为一旦人们认识到代际效应，那么少生一个孩子便是最有效的措施，而生孩子往往是涉及家庭/个人意愿、职业性质、经济收入以及其他方面的重大家庭/人生决定。

3. 抑制人口增长前景不乐观

联合国的预测主要是通过把经历过人口结构转型第二阶段的国家或地区的变化模式（即出生率下降）运用于还未经历这一阶段的地方得出的。但来自不同发展水平国家的所谓"真实数据"，在经过建模推算所得出的结论，往往存在不确定性甚至是盲目性。以《全球可持续发展报告》为例，这份由来自多个国家数十名科学家共同完成的报告，其结论的可靠性和真实性受到部分专家的质疑。从环境保护和可持续发展考虑，生育率降低可能是好事，但从经济发展角度考虑则不同，按照依靠更多人口创造更多商品和服务需求的经济增长模式来看，生育率降低并不是好事。随着劳动人口激增，发展中经济体将收获年轻、充满活力的人口带来的好处。

三、人口增长背景下的关联趋势

人口增长带来的是生存和发展的两个问题：一方面，城市将随着人口增长形成更强的集聚能力，面积不断扩张，并将吞噬更多耕地和林地，各类交通设施的修建需要有更多的土地，发展中国家尤其是落后国家难以摆脱"卖资源"的处境，甚至陷入"资源诅咒"的困境，人口增长对这些国家和地区所带来的影响将更为直接和持久。随着全球城市化程度的不断加深，教育水平不断提高和公共服务质量不断改善，供养更多孩子的成本增加以及意愿降低，人口增长速度呈现明显放缓趋势，但即便如此，到 21 世纪末，90 亿~100 亿的全球人口规模将是必然。另一方面，各个国家尤其是发展中国家的发展诉求强烈，中国、印度的工业化、城镇化为全球发展提供了关键引擎，而拉丁美洲尤其是非洲的发展将成为 21 世纪后半叶的重要动力，越来越多的消费者希望能过上发达国家和富裕国家高水平的物质生活，因此即便人口增速放缓，人类对环境的压力仍将持续增加，且呈现多样化的趋势特征。同时，在世界人口持续增长的大背景下，必须考虑到一些重要的转变，例如城市化、老龄化和人口迁移（如国际移民增加）等。

1. 城市贫困和超大城市增多

工业化过程将导致农村人口向城市的大量迁移。1950 年，世界人口中只有 29.4% 居住在城市地区，2020 年这一比例上升到 56%，到 21 世纪末将达到 67%[①]。与此同时，全球约有 30 个国家超过 55% 的城市人口居住在贫民窟。在不少国家，城市贫困问题导致贫民窟的出现，由于缺乏基本服务，贫民窟生活环境极其糟糕，这里的居民严重缺乏工作机会，被社会排斥的风险也很高。但城市贫困问题的解决尤其是贫民窟的改造将是迟缓的，印度仍有 65% 的人口生活在农村，由于城市化配套少、工业化跟不上，城市无法有效吸纳大量农民转移，印度多个城市长期存在贫民窟，例如孟买的达拉维贫民窟，在 2.1 平方千米的土地上生活着约 100 万人，各类皮革、制鞋、服装和食品小买卖多达 1.2 万家，都是人们的生存寄托，且改造的难度极大。20 世纪 50 年代，全球超过 1000 万人口的超大城市只有东京和纽约两个都市圈，80 年代后，

[①] 世界银行数据库资料显示，2020 年末，全球城镇化率为 56.15%，其中美国为 82.66%、日本为 91.78%、英国为 83.90%、法国为 80.98%、德国为 77.45%。根据联合国预测，2035 年，全球城镇化率将达到 62.5%，大城市和大都市圈人口持续集聚。

全球超大城市化趋势骤然加速，到 2020 年全球超大型城市接近 40 个[①]，包括德里、圣保罗、墨西哥城、达卡、马尼拉、拉各斯、卡拉奇等发展中国家的超大型城市，城市超大化带来了交通拥堵和人口饱和的问题，降低了居民生活质量并使城市面临巨大的环境压力。

2. 快速老龄化与"未富先老"

尽管人口老龄化问题越来越普遍，但各地区之间仍存在很大差异。欧洲和北美是全球老龄化程度最高的地区，但人口最多的亚洲正在经历快速老龄化的过程，日本 65 岁以上高龄人口数量及占比持续居高，老龄化发展趋势严重。一些国家可能将"未富先老"，老龄化给退休金制度带来日益严峻的挑战。绝大多数欧洲国家对养老制度进行了改革，以期提高法定退休年龄和延长获得退休金所需的最短缴费时间。但是，不管采用哪种模式，现实情况是，世界上几乎有 1/3 的人口没有领取到任何类型的公共或私人养老金。

3. 人口迁移：移民、难民潮和无国籍者

外来移民人口仅占世界总人口的 3.5%，但不同国家之间的差异非常显著，在大多数波斯湾国家，外来移民的数量超过 50%，

---

① 严格意义上的超大型城市是指城区常住人口在 1000 万以上的城市，根据中国国家统计局数据，截至 2022 年底，中国超大型城市有上海、北京、深圳、重庆、广州、成都、天津、武汉 8 个城市。

卡塔尔的外籍人口高达85%，且主要来自印度、巴基斯坦、东南亚国家和埃及等阿拉伯国家。移民大多是地区内部的，即由大陆内部迁移到邻国。孟加拉国—印度、缅甸—马来西亚、罗马尼亚—西班牙和哈萨克斯坦—俄罗斯，还有通往美国的中美洲—墨西哥移民走廊等都是全球最重要的地区内移民走廊。除了出于工作和家庭原因的人口流动之外，还有非自愿或受强迫的人口迁移：难民潮。疫情之前，全球有2600万难民和420万寻求庇护者。同时，必须考虑到无国籍者的增多，这些人没有任何国家授予其国籍，缺乏获得教育、健康、就业和迁移自由等基本权利的机会，比如缅甸的罗兴亚人或肯尼亚的努比亚人等。

四、非洲：人口增长困境与变革机遇

根据《世界人口展望》，截至2022年7月，非洲人口总数达到14.27亿，到2050年可能会翻番，到2100年将超过40亿。撒哈拉以南非洲将是2100年前全球人口增长主引擎，到21世纪中叶，尼日利亚的人口有望赶上美国，到2100年，尼日利亚将成为仅次于印度的世界第二人口大国，届时全球人口最多的五个国家将是印度、尼日利亚、中国、美国和巴基斯坦。21世纪是否是非洲的"黄金时代"，取决于以下两个因素：一是非洲的后发因素；二是非洲的人口因素。非洲人口占世界总人口的比例将从2020年的14%提高到2050年的22%以上。非洲人口红利既是问题也是机遇，最大的挑战是创造更多就业机会，根据世界银行的计算，非洲每年需要增加 2000 万个工作岗位。尼日尔、索马里、马里、乍得、布隆迪等遭受内战的非洲国家生育率最高，而肯尼亚（3.30，2021 年）、津巴布韦（3.44，2021 年）、加纳（3.51，2021 年）和卢旺达（3.75，2021 年）等国家的总和生育率已降至中等水平①，这是因为这些国家有相对有利的经济发展、对人的投资、较高水平的城市化和良好的治理。

但人口的增长并不意味"发展机遇"，很多非洲国家没有人口登记，人口普查也很少进行，更难像中国一样开展每 10 年一次超大投入、超大规模的人口普查活动。与欧洲、北美和亚洲国家相比，非洲的人口流动性相对更低，撒哈拉以南非洲地区只有 2.2%的人口，即 2800 万人居住在原籍国以外的地方。但这些地区人口更加年轻，约 60%的人口年龄在 25 岁以下。未来随着教育水平的持续提高，非洲年轻人在向城市不断集聚的同时也将迁徙到就业机会更多、收入水平更高的高收入国家，而教育和收入水平低的人口通常没有迁移所需的资源。同时，经济困难家庭的年轻人更早成为父母，如果这些年轻人能自主决定自己的身体和性行为，每年的人口增长将减少 1/4②。

人口增长困境下，非洲依然拥有变革的机遇。卢旺达，提起这

---

① 2020 年肯尼亚、津巴布韦、加纳和卢旺达四个国家的总和生育率分别为 3.37、3.46、3.77 和 3.93，这意味着这些国家的总和生育率也在逐年下降，对于非洲人口增长，总和生育率的下降是大的趋势。

② 2021 年 4 月，联合国人口基金发布《2021 世界人口状况》，认为全球仅有 55%的女性拥有身体自主权，能够在医疗保健、避孕措施以及是否要发生性关系问题上做出自主选择。

个国家，更多的人会想起发生在 1994 年的那场种族大屠杀和记录这场悲剧的电影《卢旺达饭店》，然而今天的卢旺达已经成为非洲变革的"新锐"，成为非洲"头号改革国家"和世界最安全十个国家之一。这个面积只有 2.6 万多平方千米、人口仅 1346 万的非洲内陆小国仍是联合国公布的世界最不发达国家之一，人均国内生产总值刚超过 800 美元，约 39.1%的人生活在贫困线以下。但卢旺达是非洲增长最快的经济体之一，年均增长率超过 6%。世界银行发布的《2020 年营商环境报告》显示，卢旺达营商环境在全球190 个经济体中排名第 38 位，是前 50 名中唯一的低收入国家。卢旺达政府力图打造廉洁高效的行政机构，对索贿腐败官员惩罚非常严厉，口号是"零腐败"。而当你看过一部由黎巴嫩导演娜丁·拉巴基执导的《何以为家》的电影，会更加感受到一个国家能够远离战争、拥抱和平的珍贵。

随着非洲经济的发展，未来冒着生命风险艰难穿越地中海的非洲移民将会逐步成为过去。欧洲各国投入巨资加强边境控制，并与北非国家达成协议，阻止移民船只，也将导致移民大幅下降。长期以来，撒哈拉以南非洲的人口大多向离家更近的地方流动，只有 18%的人口流向欧洲，大约 70%的人口流向其他非洲国家。随着非洲贫穷国家变得越来越富裕，更多人倾向于移民，直到人均年收入达到 1 万美元左右[①]。非洲有着悠久的移民历史，在移民

---

① Cape Town, Dakar, Lagos and Nairobi, Many more Africans are migrating within Africa than to Europe, The Economist, Oct. 30, 2021, https://www.economist.com/briefing/2021/10/30/.

化之前，非洲游牧民族没有国境线的概念，商队在撒哈拉大沙漠中穿行。取得独立之后，一些非洲国家推动了没有边界大陆的泛非主义愿景，贝宁、冈比亚和塞舌尔为所有非洲人提供免签入境服务。移民的最大受益者是移民本身，他们将获得更高的收入、过上憧憬的生活，南非的工资是津巴布韦或莫桑比克的 5 倍，南非聚集了 70 万津巴布韦人和 35 万莫桑比克人。在科特迪瓦首都阿比让，可以找到任何非洲国家风味的餐馆，"阿比让" 就如同非洲的"伦敦"。

老龄化：

在挑战中变革

人口老龄化将是全球经济社会发展的重要趋势，随着老龄化程度的持续加深，世界一些国家和地区经济社会发展受到的影响将越来越明显。人口快速老龄化对经济社会发展具有深远影响，且挑战与机遇并存，必须要采取更多措施积极应对。

一、人类寿命的极限到底在哪里

在工业化之前，全球各地区的预期寿命在 30 岁左右，当时，婴幼儿和青少年（15 岁以下）的死亡率极高。《柳叶刀》杂志 2013 年发表的一项研究显示，主要得益于粮食增产以及医药卫生领域的进步，全球婴儿、青少年和成年人的死亡率均有所下降，预期寿命得以大幅提高。世界卫生组织的数据显示，1950～1955 年，全球平均预期寿命为 46.5 岁，而 1995～2000 年，这一数字已提高到 65 岁。截至 2019 年，联合国估计全球人口平均预期寿命约为 72.8 岁[①]。尽管如此，不同地区的预期寿命仍存在差异，最低的是非洲，最高的是欧洲。低生活水平（通常也伴随着较高贫困水平）与低预期寿命之间存在着相关性。此外，战争、自然灾害、饥荒和流行病等也会对人口总体死亡率产生很大影响。到 2050

---

① 美国加州大学人口研究中心数据显示，2020 年至 2021 年因新冠疫情全球人均预期寿命下降约 2 岁。

年，全球人口平均预期寿命将提高到 77.1 岁。

随着医疗尤其是减缓衰老方法的不断探索，老年疾病将得到持续缓解，人类寿命将不断延长，世界上最长寿命的纪录也将不断更新，但人类寿命的极限到底在哪里？1990 年，法国开展了百岁老人的全国性调查，生活在法国南部城市阿尔勒且出生于 1875 年的让娜·卡尔芒的年龄超出了调查设定的年龄值范围，老人在 110 岁时仍独自居住，后来搬进了养老院，直到 1997 年以 122 岁的高龄去世①。1990 年，世界上大约有 9.5 万名百岁老人，到 2015 年，百岁老人已超过 45 万，2021 年，全球约有 59.3 万名百岁以上的老人，比 10 年前增加了 35.3 万人，未来特别长寿者的数量将大幅增长，到 2100 年将达到 2500 万。根据《世界人口展望 2022》和《2023 年世界社会报告》，到 2050 年全球 65 岁及以上的人口将增加到 16 亿，所占比例将从 2021 年的 10% 上升至 2050 年的 16%，80 岁及以上人口增长速度更快。届时，预计全球 65 岁及以上老龄人口的数量将是 5 岁以下儿童数量的两倍多，并与 12 岁以下儿童数量大致相同。但人类的寿命有自然限制，长寿的极限大约是 115 年，死亡率随着年龄增长而上升，但在 85 岁以后上升的速度会有所放缓，105 岁以后，死亡率会继续上升，打破寿命纪录的可能性将变得更小。但在"基因操控"下，将可能使一些人能够活到 140 岁甚至 150 岁。

---

① 2022 年 4 月，日本 119 岁的田中力子老人逝世，1904 年 2 月出生于法国南部阿莱斯的安德烈老人"接棒"成为全球在世最长寿老人，曾有望打破让娜·卡尔芒的纪录，但 2023 年 1 月 17 日在法国土伦的一家养老院溘然长逝。

　　粮食生产供应和卫生条件的改善、疾病知识的增长、疫苗接种（19世纪）和抗生素（20世纪）的推广使用，使得人类能够将婴幼儿期死亡率控制在很低的水平，促进人类平均寿命翻了1倍以上，从1820年的约26岁上升到20世纪末的66岁。第二次世界大战后，城市成为比乡村更加健康的地方，城市能够提供充足的能源、清洁的水源以及基本卫生条件、医疗服务、交通及居民用电等基础设施，这为人类在1955年至1990年平均寿命从大约35岁提高到55岁，提供了改善型保障。2000年后出生的孩子活到100岁的概率是50%，而"10后""20后"的孩子都将成为百岁寿星①。

　　随着全球人口突破80亿，科学研究找到了越来越有希望减缓或逆转衰老的方法，人类寿命的潜在极限还在不断延展。2016年，《自然》杂志发表了阿尔伯特·爱因斯坦医学院遗传学家扬·维格和两位同事的研究成果，分析了美国、法国、日本和英国在1968年至2006年的死亡率数据，发现这些国家在此期间最高死亡年龄迅速增长，但在此之后没有继续增长，而是停滞在平均115岁左右。2018年，《科学》杂志发表了一项与《自然》发表的研究完全不同的研究成果，人口统计学家、罗马大学的伊丽莎贝塔·巴尔比和加州大学伯克利分校的肯尼斯·瓦赫特，对近4000名意大利人的生存纪录进行了研究，发现尽管死亡风险在80岁之前呈指

---

① ［英］琳达·格拉顿，安德鲁·斯科特. 百岁人生［M］. 吴奕俊译，中信出版集团，2018.

数增长，但之后的增长速度会放缓，并最终趋于稳定。活到105岁的人有50%可能活到下一年，活到106岁、107岁、108岁和109岁的人也同样。人类寿命随着时间推移继续增长，如果有极限的话，可能还没有达到①。

科学家在减缓或推延衰老等方面已取得了积极有效的成果，科学家已经发现20多种减缓衰老的方法。通过食用菠菜、胡萝卜、芹菜和南瓜等富含抗氧化物质的蔬菜来促进身体健康是最基本的方法，但这还远远不够。2005年，德国生物学家赫伯特·哈里斯在《自然》杂志发表的研究发现，年轻老鼠的血液可以使老年小鼠恢复年轻状态，引起了研究人员的极大兴趣。2020年5月，加利福尼亚大学发表的研究成果进一步证明了其有效性，且与衰老相关的各种指标显示出年轻化，但这种减缓衰老的方法面临着社会和伦理的挑战。以色列科学家2020年开展的高压氧治疗方法（HBOT）具有更强的可实践性，该方法能够在3个月的疗程后取得显著效果，接受治疗的老人的血细胞比接受治疗前更加年轻，作为人体内最重要的两种防御细胞的T细胞和B细胞的端粒长度增加了20%甚至更多，进而增强人体免疫力。在2020年12月发表于《自然》的一项研究中，哈佛医学院保罗·F.格伦衰老生物学研究中心主任戴维·辛克莱尔与其同事通过重新编写基因表达，部分恢复了中年和患病鼠的视力。

---

① 根据加州大学伯克利分校与马克斯·普朗克研究所人口研究中心"人类死亡率数据库"，2007年出生的孩子有50%概率达到百岁以上寿命预期，其中日本的为107岁，美国、意大利、法国和加拿大的为104岁，英国的为103岁，德国的为102岁。

通过生物医学的方法延长寿命，不仅能靠减少或预防衰老疾病来彻底改变大众健康，还能极大丰富人类的体验，意味着人们有机会从事多种多样的职业，有探索更多世界的自由，或是与曾曾孙辈共享天伦之乐。但一些专家担忧这将带来潜在的人口过剩，尤其是考虑到人类囤积和浪费资源的漫长历史，巨大的社会经济不平等也将让全球 80 亿人口"分级划群"。全球仍有 20 多个国家的人均寿命低于 60 岁，人们受困于贫穷、饥荒、教育局限、妇女失权、公共卫生状况差以及疟疾、艾滋病等疾病，这些问题是新奇且昂贵的生命延长疗法仍无法解决的。

二、多个国家人口老龄化进程提速

按照联合国的定义，当一个国家或地区 65 岁及以上老年人口数量占总人口比例超过 7% 时，意味着这个国家或地区进入了"老龄化社会"，比例达到 14% 即进入"深度老龄化社会"，20% 则进入"超高龄社会"。到 2030 年，全球 65 岁以上人口将超过 10 亿，80 岁以上人口将达到 2.1 亿，是 2010 年的近两倍。目前，日本、意大利、德国、瑞典、法国、韩国、加拿大和英国等国家进入"超高龄社会"，日本、意大利和德国等国家老年人口占总人口的 1/4 左右。全球老龄化问题较严重的国家主要集中在欧洲，部分新兴市场国家的老龄化进程也在加快，高龄或超高龄人口在未来几十年将更加庞大，并带来持续而深刻的影响。

自 2005 年以来，欧盟国家 65 岁及以上所占人口比例都出现不同程度的增加。意大利是欧洲人口老龄化最严重的国家，年轻人比例在全欧洲最低，2022 年初意大利 65 岁及以上的老年人口超过 1400 万，占总人口的 23.8%；在德国，2021 年 65 岁及以上人口的数量超过 1830 万，占总人口的 22%。根据欧盟统计局的预测，到 2050 年欧盟的 65 岁及以上人口比例将达到 28.5%，其中意大利和德国将上升至 33.8% 和 29.4%，法国为 25.6%[①]。老龄化的影响不仅体现在经济层面，也可能体现在政治层面（例如老年人在选民中的权重）和社会层面，老龄化将促使人们重新思考当前的社会模式。

但问题不在于老年人的数量，而在于工作年龄人口相对于退休人口的下降。为老年人的退休和赡养提供资金的资源越来越少，日本的总人口自 2009 年以来一直在下降，许多企业重新雇用"年轻的"退休人员来弥补劳动力短缺。如果退休后还能从事有益的、受尊重的工作，那么退休生活会更具有吸引力。德国通过向移民开放来弥补人口负增长，但这还不足以解决问题，人口下降趋势依然明显[②]。当一个国家的就业人口与非就业人口之比下降时，这个国家将不得不迅速适应这种趋势，否则将面临重大危机。根据经合组织（OECD）的估算，到 2060 年，日本将丧失 34.6% 的生产力（20~64 岁），意大利将丧失 32% 的生产力，中国将丧失

---

① 刘玲玲，马菲. 多国积极应对"超高龄社会"挑战［N］. 人民日报，2020-05-13（16）.

② 2021 年底德国人口首次超过 8320 万，其中 15~24 岁年龄段的仅有 830 万人，相当于总人口的 10%，是 1950 年有记录以来的最低点。自 2005 年起，除 2015 年难民危机涌入大量移民外，德国年轻人的数量和比例一直在下降。

26.6%的生产力，德国将丧失 20.8%的生产力，法国将丧失 6%的生产力。

2020~2022 年是世界主要大国集中开展全国人口普查的时期，美国和日本在 2020 年开展人口普查，受疫情影响，俄罗斯、德国的人口普查时间从 2020 年分别推迟至 2021 年和 2022 年。国情与发展阶段不同，每个国家重点关注的人口问题也不同，当发达国家为出生率低、老龄化加剧而焦虑时，印度则在期待"人口红利"带来"赶超中国"的机会。

1. 美国

总的来看，美国是发达经济体中人口增长态势较好的国家，截至 2021 年美国总人口达到了 3.32 亿，自 1960 年以来大体保持了 1%的年均人口增长率，2010~2021 年的年均人口增长率为 6.5‰，低于 20 世纪 30 年代大萧条时期的 7.3‰。2020 年，美国新生儿为 360 万，是 1979 年以来数量最少的一年，2021 年美国总和生育率为 1.66，人口增长基础出现动摇迹象。同时，白人人口比例从 1950 年的略低于 90%降至 2021 年的约 60%，到 2040 年之后，这一比例很可能会降至 50%以下。作为富裕国家，美国以往的生育率强劲，移民数量持续居高，但随着生育率优势的消失，移民优势面临威胁，美国将与欧洲以及东亚国家一样，面对人口迅速老龄化带来的长期挑战。到 2060 年，美国 65 岁及以上的老年人数量将翻倍，达到 9800 万人。

2. 德国

2020 年，德国人口为 8320 万，自 2011 年以来首次无增长（相较于 2019 年）。德国出生率在过去 10 年里略有上升，2019 年，德国女性生育率为 1.54，2015 年和 2016 年有大量来自中东以及非洲地区的女性涌入①。其中来自叙利亚、阿富汗、伊拉克和科索沃的女性在 2015~2016 年平均生养 3.5~4.6 名孩子，明显高于其他外籍女性的平均生育率（2.1）。德意志银行 2022 年的预测显示，2023 年之后德国每年净移民人数将保持在 30 万以上，到 2030 年德国人口将接近 8600 万。不过根据估算，2022 年移居者比迁出者多 142 万~145 万，"净移入"人口是 2021 年的 4 倍，是 1950 年以来的峰值，其中乌克兰难民的迁入是主要因素②，2022 年底德国常住人口至少为 8430 万。目前来看，大量移民仍难以阻止德国老龄化趋势，2020 年德国 65 岁及以上人口占 18.44%，到 2060 年德国人口数量将在 6760 万~7650 万，而这还将取决于有多少移民愿意居住在德国。德国法定退休年龄已从 65 岁逐步调整到 67 岁。

3. 印度

2011 年，印度总人口约 12.1 亿，比 2001 年增加 1.81 亿，到

---

① 自 2015 年难民危机以来，德国约接受难民近 200 万。

② 根据德国联邦移民和难民事务局统计，截至 2022 年底在德国登记的乌克兰难民有 100 多万，主要是妇孺，这些难民在德国居留无须提出避难申请，此外叙利亚、阿富汗难民分别约为 7.1 万和 3.6 万，分别比 2021 年增长近 30% 和 56.2%。

2021 年达到 13.93 亿。印度一直被视为继中国之后下一个有望因"人口红利"而跻身超级经济体的大国，印度的适龄劳动力占人口比例自 2018 年起超过社会抚养人口（低于 15 岁和高于 65 岁的人口群体），这种趋势或将延续至 2055 年。印度卫生和家庭福利部的数据显示，到 2036 年，印度人口平均年龄将从 2011 年的 24.9 岁升至 34.7 岁。印度社会老龄化的速度可能比预期的更快，老龄人口或在今后 30 年内翻倍，这意味着印度"人口红利"的黄金窗口期可能只有 15~20 年。同时，单纯的"人口数量优势论"已经过时，"人口红利"能否转化为对经济的直接贡献将与就业水平和受教育程度息息相关。印度人口的 64% 处于工作年龄段，约 1/3 人口年龄在 15~29 岁，这造成对于高等教育和就业的迫切需求。印度大量年轻人口能否转化成为人口红利，取决于印度能否提高教育质量并创造出足够多的就业机会。到 2040 年，印度城市人口将增加到 2.7 亿，孟买将成为拥有 3000 万人口的世界级超大城市，也将面临拥挤、劣质的基础设施，以及严重的空气和噪声污染等问题。

4. 俄罗斯

近 30 年来，俄罗斯人口数量变化幅度并不大，大体保持在 1.44 亿~1.49 亿，但 2020 年俄罗斯人口减少 50 多万，出现"恐慌性负增长"，俄罗斯人口已经进入非常困难的时期。俄罗斯认为自己的命运和前途取决于有多少人口，为促进人口可持续增长，俄罗斯推出为多子女家庭提供住房、食品及婴儿用品等优惠政策和财政支持，但生育率却从 2018 年的 1.6 降至 2020 年的 1.489，目前 2/3 的俄罗斯家庭是少子女家庭，有 1~2 个孩子，仅 1/10 的家庭拥有 3 个及以上子女，其余为无子女家庭。俄乌战争也将进一步加剧俄罗斯所面临的人口问题，要实现到 2030 年生育率提高到 2.1、居民人均预期寿命达到 78 岁的目标存在极大难度。2022 年 8 月，普京总统签署命令，恢复苏联时期"英雄母亲"称号，授予生育和抚养 10 个或以上子女的女性"英雄母亲"称号和勋章，并一次性给予 100 万卢布的奖金（约合人民币 11 万元）[①]。改变移民政策、吸引大批独联体国家和周边亚洲国家劳动人口移民，将是俄罗斯化解人口危机"最值得做的有效办法"，2030 年前俄罗斯每年至少要吸引 60 万移民。但根据联合国的估计，到 2050 年俄罗斯人口总数仍将会下降到 1.11 亿，65 岁及以上老年人比例达到 20%。俄罗斯规定了新的退休年龄，采取每年提高 1 年退休年龄的办法，到 2028 年女性和男性的退休年龄分别为 60 岁和 65 岁，这导致很多人无法提前退休，不过多子女的母亲有权提前退休。

5. 瑞典

因"对人的投资"而复兴，这是瑞典 90 年前应对人口危机的经验。20 世纪 30 年代，瑞典的生育率降到当时世界最低水平——1.7 左右，出现了"瑞典人可能最终消失"的说法。瑞典经济学

---

① 为应对人口减少，2008 年，俄罗斯设立了"光荣父亲"勋章，授予生育或抚养 4 个或更多孩子的父母和养父母，成为类似于"英雄母亲"称号的一种鼓励生育奖励。

家、诺贝尔经济学奖获得者，兼任瑞典政府经济顾问的纲纳·缪达尔，认为出生人口减少是社会结构问题，而不是个人责任，应对少子化就是投资未来，面向年轻阶层的福利政策是人力资本投资，同时也是提高生产效率的经济政策。1934年，瑞典政府成立了人口问题委员会，1974年，瑞典实施了世界上第一个可以让男性加入、在休产假时获得补偿收入的"父母保险"。2021年，瑞典用于支持家庭的社会支出占 GDP 的 3.4%（家庭和儿童福利支出占 GDP 的 5.4%），远远高于美国（0.6%）和日本（1.7%）。1960年，瑞典的人口是 748 万，到 2021 年增长到 1040 万，这样的人口规模实现高福利的人口生育福利是可行的，但对于人口大国而言，解决少子化和老龄化问题，仍将是一项极大的挑战。

三、中国：迈进老龄化社会和人口达峰

2022年末，中国人口为 14.1175 亿，而 2021 年为 14.1260 亿，意味着 2022 年可能成为人口"达峰年"。当前，中国人口出生率急剧下降，2021 年人口净增长 48 万，自然增长率下降到 0.34‰，与印度当年 9.7‰ 形成了显著差距，要想从 2020 年 1.3 的总和生育率（2021 年进一步下降到 1.175）恢复到 2.1 的稳定人口"替代率"，几乎不可能。未来 10 年，中国大约 2.45 亿出生在 20 世纪 60 年代的人将退休，这对养老金和医疗体系来说是一个巨大且严峻的考验。

（一）中国人口的达峰

每10年开展一次的全国人口普查，是衡量中国人口规模和多样性变化的关键①，中国前六次人口普查分别是在1953年②、1964年、1982年、1990年、2000年和2010年开展的。2020年10月11日~12月10日，中国开展了第七次全国人口普查，收集居民的年龄、学历、职业、婚姻状况和迁徙流动状况等广泛信息，这次普查提供了有关中国人口最准确的变化信息，新技术的应用更加准确地体现了中国的人口变化，成为政府判断趋势、做出改变、制定政策不可或缺的依据。第七次全国人口普查数据显示，中国人口结构发生了很大变化。从年龄结构看，与2010年相比，中国15~59岁劳动年龄人口总量减少4523万人，比重下降了6.79个百分点，这种结构变化趋势的持续将对劳动力供给和经济社会发展形成长远且深刻的影响。2030年之前，中国的适龄劳动力人口数量每年将以超过1%的降幅减少，导致潜在经济增长率显著衰

---

① 人口资料自古以来就是治理国家的重要依据。自周宣王"料民于太原"算起，中国已有近2800年的人口调查历史。明洪武年间，明太祖朱元璋进行了一次全国性的人口普查，并建立了黄册制度。从《汉书·地理志》中西汉元始二年的第一个全国性人口数字开始，中国各类史籍记载了丰富的全国或地方性的历史人口数据。资料来源：陆新蕾：《1953：现代人口普查在中国的确立》，《文汇学人》，2020年11月20日第2版。但古代文献中的人口数字常常受到质疑，"困难并不在于缺乏人口数据，而在于如何理解这些数据"。资料来源：何炳棣：《明初以降人口及其相关问题（1368—1953）》，三联书店2000年版。

② 根据1954年11月中国国家统计局发布的《关于全国人口调查登记结果的公报》，1953年6月30日24时全国人口总数为601938035人，其中大陆地区的总人口为580603000人。

退，并通过贸易、金融、产业转移以及原材料市场等途径，传递到全球范围。

新型冠状病毒疫情的持续进一步加剧了中国的人口问题，出生率急剧下降，尤其可能将对生育意愿造成长期不利影响。2020 年中国新生儿数量约为 1004 万，同比下降了 15%。2021 年中国人口净增长 48 万，较 2020 年大幅下跌，人口自然增长率仅为 0.34‰，出生人口明显下行。按照以往预测，中国人口将于 2027 年进入负增长，但事实上 2022 年中国人口较上年末减少 85 万人（总人口141175 万人），人口自然增长率为 -0.60‰，是中国人口 60 多年来首次出现负增长，这意味着中国人口达峰早于预期，而印度的人口在 2023 年超过中国，成为人口第一大国。根据预测，到 2035 年中国总人口还将在 14 亿以上，到 2050 年仍在 13 亿以上，但问题的关键在于中国人口"达峰"后是否会出现"断崖式"下跌，要到 2050 年保持 13 亿人口规模，仍存在很大的变数。

（二）老龄化与少子化并存

中国将持续面对生育率走低、老龄化加深的严峻挑战，2000～2010 年，中国 15～64 岁的劳动年龄人口占总人口的比例从70.15% 上升至 74.53%，但截至 2021 年底，中国 60 岁及以上的老年人口达到 2.67 亿人，占总人口的比重提高到 18.9%，在 60 岁及以上群体中，60～69 岁的占比为 56.1%，70～79 岁的占比为30%，80 岁及以上的占比为 13.9%。2022 年，中国 60 岁及以上人口占全国人口的 19.8%，其中 65 岁及以上人口 2.0978 亿人，占全国人口的 14.9%。从 2022 年开始及至 2030 年，中国将迎来史上最大的"退休潮"，"60 后"群体持续进入退休生活，平均每年超过 2000 万人退休，而每年新增的潜在劳动力供给为 1700 万~1800 万，相当于每年减少 300 万~500 万劳动年龄人口。预计到 2050 年，60 岁及以上人口群体将达到 5 亿人左右，届时约占中国总人口数的 38%。

造成人口老龄化尤其是少子化问题的原因很多，其中结婚率的持续下降是一个很关键的原因。中国的结婚率从 2013 年的 9.9‰下降到 2022 年的 5.22‰，且经济越发达的地区，其结婚率越低。根据《中国婚姻家庭报告 2022》，2020 年全国结婚率为 5.8‰，最低的是上海（3.8‰，2019 年为 4.1‰）、浙江（4.3‰，2019 年为 5.0‰）、山东（4.8‰，2019 年为 5.3‰）等，西部欠发达地区结婚率较高，排名靠前的是西藏（9.2‰）、青海（8.8‰）、贵州（8.0‰）。与此同时，经济发展缓慢往往和人口增长乏力甚至是人口外流交叉存在相关，如东北地区人口外流现象严重，人口规模持续减少，2013~2021 年，黑龙江人口累计减少 541 万人，吉林省为 292.6 万人，辽宁省为 135.6 万人，且东北地区离婚率居高，吉林为 71.5%（2020 年，后同）、黑龙江为 67.2%、辽宁为 65.8%。

老龄化和少子化将长远影响年轻人与老年人的比例，对维系社会纽带造成前所未有的压力，对中国经济社会发展的影响将快速显现。随着第一代独生子女父母迈入中高龄老人的行列，中国将在"十四五"期间迎来养老照护的高潮，养老院市场将在 2025 年后进入迅猛发展期。老龄化、少子化叠加低就业率，使得延迟退休年龄变得更为复杂，但延迟退休年龄有利于就业。在工业化向数字经济转型过渡期，虽然传统制造业仍然是支撑经济发展的支柱，但年轻人往往"敬而远之"，很多工厂陷入技术人才短缺的境地，推迟熟练技术人员的退休年龄，可以弥补劳动力短缺、填补技术岗位空缺。同时，新技术、新业态的不断涌现将催生更多新兴职业和大量就业岗位。

（三）"低生育率陷阱"

庞大的人口规模往往是一个国家影响力的保障和持续发展的源泉，但经济发展往往会伴随住房、教育和养育成本的急剧上升，少子化趋势将会导致经济增长滞缓。根据《2020 中国人口普查年鉴》，中国育龄妇女总和生育率为 1.3，贵州省总和生育率最高，达到 2.12，仅处于稳定人口"替代率"水平，上海的总和生育率最低，仅有 0.74，黑龙江（0.76）、北京（0.87）、吉林（0.88）、天津（0.92）、辽宁（0.92）均低于 1[①]。与上一代人相比，新一代的人更加注重个人主义和消费主义，更倾向于寻求个人满足，而非拥有一个孩子的幸福，中国至少拥有 50 万对丁克夫妇，"拥有一个孩子，家庭才能圆满"的观念对年轻人的影响越来越小。

二孩政策的显现可能需要 15 年甚至更久的时间，其间还会有

---

① 根据《中国人口和就业统计年鉴 2021》表 2-37 "全国育龄妇女分年龄、孩次的生育状况"，2020 年总和生育率为 1.296。

越来越多的女性选择推迟生育或是不生育。无论是放开三孩或是全面放开生育，更多的人认为生活成本的不断上涨和对家庭的政策支持力度不足是阻碍生育的真正原因。个体的自我生活意识和家庭生活方式的改变则是少子化的直接因素，富裕后的生活方式转变、养育成本的急速上升以及全社会的教育焦虑或许是不想生、不敢生的关键因素。

2021 年的一项调查发现，43.5% 的未婚女性受访者不愿结婚，因为担心这会降低生活质量。与此同时，53.6% 的受访男性表示，单身的主要原因是认为自己缺乏支持家庭的经济保障。在上海等大城市，抚养一个孩子到大学阶段的费用约为 200 万元人民币。中国的低结婚率问题可能与大部分国家面临的问题没有什么不同，特别是同样经历了快速城市化的国家。世界银行数据显示，从 20 世纪 50 年代到 2021 年，美国新婚夫妇的平均年龄，女性从 20 岁上升到 28 岁，男性则从 24 岁上升到 30 岁[①]。

中国高度重视人口老龄化尤其是少子化问题，2021 年 6 月，中共中央、国务院印发《关于优化生育政策促进人口长期均衡发展的决定》，2021 年 8 月，全国人大常委会修订人口与计划生育法，2022 年 7 月，国务院 17 个部门联合印发《关于进一步完善和落实积极生育支持措施的指导意见》。到 2025 年，"十四五"时期已经成为中国紧紧抓住"人口发展的重要窗口期"。目前来看，经

---

① Matthew Loh. China's millennials are shunning marriage at alarming rates, and it's creating a nationwide population crisis, Insider, Apr 20, 2022, https：//www.insider.com/china-marriage-rate-millennials-drop-nationwide-crisis-women-affluence-economy-2022-4.

济负担、子女照料、女性对职业发展的担忧等仍是制约家庭生育的主要原因，归根结底是生育、养育、教育子女的成本太高①。因此，生育率低、少子化趋势严峻的问题已经不仅仅是生育的问题，必须要有一系列的配套改革和着眼长远的制度性、社会性安排。

（四）家庭规模不断缩小

第七次全国人口普查数据显示，中国平均家庭人口规模从2010年的3.1人下降至2020年的2.62人，减少了0.48人。2020年中国全国共有家庭户户数49415.7万户，一代户总量超过2.4亿户，占家庭户户数的比重达到49.5%，接近一半。以户数来看，有9个省份的一代户数量超过1000万户，分别是广东、山东、四川、江苏、浙江、河南、河北、安徽和湖南，这些都是常住人口超过6000万的人口大省。家庭户平均人口少于3人说明有相当一批家庭户是"一代户"（即同一辈人居住或单身居住落户的情况，包括独居的成年子女、已婚未育的年轻夫妻、空巢老人等）。京津沪、浙江等经济发达地区一代户比例高，与经济快速发展、社会高质量发展相适应，与发达地区晚婚晚育、未婚未育、已婚未育等群体相对较大有关。

从一代户占家庭户的比重来看，有13个省份的占比超过全国平均水平，也超过50%，其中，黑龙江、上海、浙江、北京、辽

---

① 杨文庄. 鼓励地方在降低生育养育成本上大胆创新［J］. 人口与健康，2023(1) .

宁、内蒙古和吉林均超过 55%，这些省份主要位于东北、华北、长三角地区。其中，黑龙江以 59.65%位居第一。东北地区本身是一个移民区域，宗族观念较弱，聚族而居的很少，且东北工业化起步比较早，城市化程度高。城市家庭一般都倾向于小家庭。另外，东北人口流动性比较大，成年子女外流或老年人到南方养老，这些因素也导致家庭小型化。中国多代同堂的传统家庭模式已经发生显著变化，到 2040 年，一代户占比将达到 24.03%，两代同堂和三代同堂家庭将分别递减至 30%和 5%。到 2050 年，中国家庭数量将从 2010 年的 4 亿增加到 5.54 亿，独居户将增长到 1.33亿，即每 4 户中就有 1 个一人户，最大的独居人群是城市中的未婚青年，老年人则是数量增长最快的独居群体，其中 80 岁以上的独居者年均增长率达到 3.95%。

家庭人口规模缩小与城镇化快速推进高度相关，2020 年较2010 年，中国城镇人口增加 23642 万，乡村人口减少 16436 万，城镇人口比重上升了 14.21 个百分点①，到 2022 年，中国城镇常住人口为 92071 万人，城镇化率达到 65.22%。大量农村年轻人口离开原有家庭到城镇居住和工作，显著降低了传统家庭的规模。不少大城市的住房限购政策也促成家庭规模的缩小，家庭结构规模缩小可能有利于经济增长，而非抑制经济增长。一是消费规模将进一步扩大，很多耐用消费品的消费以家庭为基本单元，家庭

---

① 1978 年改革开放之初，中国城镇常住人口仅 1.7 亿，城镇化率为 18%左右，到2021 年，中国已有 9.1 亿人长期居住在城市，城镇化率接近 65%。在此期间，中国有7.4 亿新的城镇居民，催生了近百个人口超过 100 万的城市和十多个特大城市。

规模缩小意味着耐用消费品支出增多。二是市场交易行为进一步增多，原有依靠亲属关系的非经济行为更多会转化为依靠市场关系的经济行为，这将增加市场交易规模、扩大市场容量①。

家庭规模缩小的原因有很多，其中单身社会是重要原因。艾里克·克里南伯格在《单身社会》中表述，"在1950年，美国人口中只有22%的人单身生活，而今天，超过一半的美国人正处于单身，其中3100万人独自生活，独居人口占到了美国户籍人口总数的28%，成为美国最普遍的家庭形式，甚至超越了核心家庭的所占比重"②。这种情况在中国也在不断增多，那是什么造成大范围、日益增长的独居人口呢？毫无疑问，经济发展创造财富，以及现代国家福利提供的社会保障，两者共同使独居成为可能，更多的人选择独居生活，是因为更多的人能够负担这种生活，其背后的原因包括个人推崇、女性地位提升、通信方式变革等。

（五）从人口红利到人才红利

面对生育率走低和老龄化加深，未来几十年中国人口势必缩减，这将对中国崛起带来哪些挑战？在人类历史上，庞大的、不断扩大的年轻人口往往是推动国家崛起的关键力量，"人多力量大"，这在人类历史上一直都是一个有效定律。国家需要有人上战

---

① 宋国友. 借家庭规模缩小唱衰中国，错在哪？［N］. 环球时报，2021-05-18（14）.

② ［美］艾里克·克里南伯格. 单身社会［M］. 沈开喜译，人民文学出版社，2017.

场、需要公民纳税，但未来的大国之争关键在于科技实力，而不是成群结队的年轻人。中国面临的真正问题是人口的结构性问题而非规模效应，到 2040 年，中国将有 30% 的人年龄超过 60 岁，更多的老人将不得不由较少的工作年龄人口来支持，进而导致经济增速放缓①。在老龄化社会到来之际，机器人技术熟练程度和经济效益显著提高，这将改变未来的经济形态。中国有接近 3 亿务工人员，其中仅 70% 的务工人员具备初中学历，通过提高技能，将大幅提升人机协同能力，这正是中国要大力发展职业教育、培养技能人才的初衷之一。人口问题的关键在于人口总量、人口结构与产业体系是否匹配，当前中国劳动力总体上仍是供大于求，劳动力素质持续提升，全国劳动年龄人口平均受教育年限从 2010 年的 9.08 年提高到 10.9 年，这将有助于更好地匹配支撑中国实现高质量发展。

从未来人口演变的规律来看，人口红利已经出现加速衰减的趋势，而人口红利的消失也有可能会提前到来。在这个大背景下，必须加快以素质红利逐渐取代人口红利。目前，中国已经进入高质量发展阶段，发展方式正在从传统的以要素投入为主的驱动模式向以科技创新为主的驱动模式转变，创新驱动的实质是人才驱动②。中国具有世界上最庞大的高等教育规模，拥有规模巨大的工

---

① Gideon Rachman, Lousy demographics will not stop China's rise, May 5, 2021, https：//www.afr.com/world/asia/lousy - demographics - will - not - stop - china - s - rise - 20210505-p57p1y.

② 胡鞍钢，任皓.2050 中国：全面建成世界科技创新强国 [J]．中国科学院院刊，2017（12）.

程师队伍和平均素质较高的熟练工人队伍，这些都是中国成为全球制造大国的人力资源基础，也为以素质红利填补甚至逐渐取代人口红利创造了条件。随着高等教育的普及和职业教育的快速发展，中国人口素质得到大幅提高，但到2025年，中国蓝领工人缺口依然达3000万人。自动化、智能化等现代技术的广泛应用对技能型人才的需求十分强劲，从经济社会发展内在逻辑来看，中国经济社会发展已进入高质量发展提升高素质劳动力需求、高素质劳动力推动高质量发展的良性循环。

面对人口结构的快速变化，特别是应对人口红利逐渐衰减的挑战，必须紧紧抓住提高人口素质这个关键点。只有高素质劳动力越来越多，以素质红利推动高质量发展的动力才能更加强劲[①]。职业教育担负着特殊的历史使命，在不断扩大职业教育规模的同时，要高度关注职业教育的质量提升，不断提高职业教育对优秀生源的吸引力。但从现实来看，就读职业学校的大多是学习成绩较差或是农民工子弟的学生，长期存在看低、贬低职业院校毕业生的社会风气，人才选拔、岗位竞聘中名院校、高学历的标准导向并没有得到根本转变，希望孩子有一个好的"教育出身"，绝大部分家庭都不愿将孩子送入职业院校就读。由于熟练工人供不应求再加上大学毕业生供过于求，职业高中毕业生和大学毕业生之间的工资差距逐步缩小，加剧了劳动力就业市场的错配问题。这种学

---

① 李长安. 推动素质红利逐步取代人口红利［N］. 环球时报, 2021－05－12（15）.

位贬值和职业教育低吸引力的低效循环，迫切需要改变对职业教育的传统观念。为提高职业教育地位，中国于2022年5月1日起实施26年来首次修订的职业教育法，明确职业教育是与普通教育具有同等重要地位的教育类型，将技术课程纳入普通高中，提供更好的职业规划指导，社会层面必须转变传统认知乃至歧视。

从人口红利到人才红利，必须积极应对人口老龄化，充分开发老龄人力资源。一方面，推行弹性退休制度，通过养老保险等制度设计，激励老龄人口延迟退休，增加老年人口的劳动供给数量；另一方面，倡导终身学习理念、建立终身学习制度，提升劳动力持续供给的质量，以更好地应对经济社会发展和技术变革。"十四五"规划和2035年远景目标纲要提出"以'一老一小'为重点完善人口服务体系"，这是应对老龄化、少子化的关键举措之一。通过减轻家庭生育、养育、教育的成本，充分释放生育潜力，缓解人口老龄化进程。同时，通过教育、医疗等公共服务均等化，以及婴幼儿照护、托育服务、青少年发展专业化、规范化、普惠化，助力下一代人口质量的提高。

未来竞争的核心是人才，面对以人工智能为代表的新一轮科技革命的来临，中国人工智能人才拥有量仅次于美国，但杰出人才尤其是天才型"选手"缺乏，在基础科学和前沿领域中，中国开展0到1的发现性、变革性工作还很少，更多的属于应用性、推广性的1到99的工作类型，这其中人才培养模式至为关键，在应试教育模式未得到彻底改变，启发式思维教育没有得到普及的情况下，人才培养仍将存在"先天不足"，比如解决问题的能力较强，但发现问题的能力偏弱，而这恰恰是最需要培养和保护的创新源头。从人口红利到人才红利的转变，根本在于教育模式的变革升级，以人力资本红利、人才红利和技能红利化解人口红利逐渐消失的影响。

四、日本和韩国：老龄化问题严峻

日本和韩国的老龄化问题日趋严重，面临极其严峻的挑战，在人口问题上体现了"东亚特征"，对中国人口问题具有警示和借鉴价值。日本和韩国在老龄化方面具有两个共同影响因素：一是非婚生子女占比很低，在日本和韩国，未婚母亲生育的子女数量约占整体的2%，在OECD国家中最低，而西方发达国家，这一比例在30%~60%；二是教育成本高，昂贵的补习班、家庭教师等"影子教育"盛行，养育孩子的成本过高。

（一）日本：最长寿的国家

日本的人均预期寿命位居世界前列，每1500人中就有一人超过100岁。日本厚生劳动省从2001年起，每3年从全国抽选约20万户进行一次调查，推算日本老龄人口的"健康寿命"，即可不需看护、过着健康社会生活的年龄。2021年，日本女性平均寿命为87.6岁，男性为81.5岁。预计到2050年，日本65岁及以上的老人将占人口总数的40%。

1. 人口连续 14 年减少

1990 年日本泡沫经济破裂，1991 年日本的生育率降至 1.5，5 年后，适龄劳动人口开始减少①。2008 年，即日本经济从增长到衰退的一年后，日本死亡人口比出生人口多 5 万人，2019 年这种人口失衡扩大至 2008 年的 10 倍，超过 50 万人。2021 年日本人口较 2020 年下滑 64.4 万，降至 1.25 亿。2022 年日本人口仍为负增长，由此日本人口连续 14 年下滑。2021 年的出生人数为 81.2 万人，死亡人数为 144 万人，死亡人数超过出生人数的"自然减少"为 62.8 万人。同时，新型冠状病毒疫情放大了日本"高龄少子化"的窘境，从年龄结构来看，2021 年日本国内 15~64 岁的劳动人口总数减少了 58.4 万，下降至 7450 万，占日本总人口的 59.4%；14 岁及以下人口占总人口的 11.8%，创历史新低；65 岁及以上老年人口占比达 28.7%，创历史新高。与欧洲国家不同，日本还没有正式通过规模化接纳移民来补充人口，日本不像欧美国家从国外直接接受永久移民，外国人不能直接在境外申请永久居留签证一步到位，只能"先移居后移民"②。但在日本合法滞留 90 天以上的外国人已经接近 200 万，其中来自中国的有 78.7 万，韩国 43.5 万，越南 42.4 万。

---

① Leo Lewis, From Tokyo to Beijing, growing old is hard to do Dec 7, 2020, https：// www. ft. com/content/12cfe237-c77d-46b7-a2cc-93a9385461d9.

② 截至 2020 年底，在日外国人总人数约为 289 万人（2021 年底约为 276 万人），占日本总人口的 2.29%，1990~2020 年有 371845 名原外国人归化为日本国籍。资料来源：赛汉卓娜. 走向"移民社会"的日本［J］. 世界知识，2022（9）.

2. 新生人口进一步减少导致劳动力不足

根据日本厚生劳动省的统计，2021 年日本新出生人口为 81.16 万人。有推算显示，2065 年日本的新生人口可能只有 41.6 万人，47 个都道府县均分后，每个县一年新生人口不到 9000 人，且新生人口主要集中在东京都、大阪府等"大都会"，偏远的鸟取县、岛根县、香川县等甚至不足 5000 人，日本劳动力不足问题将会比预期更加严峻。在日本，20~64 岁的人被称为"勤劳世代"，是通过勤劳工作赚取薪水的年龄段，同时也是消费的主力军。2019 年的"勤劳世代"为 6925 万人，2040 年将减少至 1414 万人。日本国立社会保障和人口问题研究所曾在 2015 年预测，到 2048 年日本人口将减少到 1 亿以下，到 2060 年将减至 8674 万人①。日本认为如果不通过利用人工智能等尖端技术和数字化转型来提高生产效率，则无法推动经济的持续性增长。服务业领域将首先加速推进不依赖人力的自动化，在便利店、超市、餐厅等场所导入智能机器人，减少重复性劳动，将节省出的人力用于更为复杂的工作。

3. 老龄化率世界第一和百岁人瑞

日本的老龄化率在 201 个国家和地区当中排名第一，远高于排

---

① 日本厚生劳动省研究机构 2023 年的预测显示，到 2070 年日本总人口约 8700 万人，较 2015 年的预测，日本人口减少速度有所放缓。其中，通过技能实习生等渠道赴日本学习工作的外国人将以每年 16.4 万人的速度增长，到 2066 年在日外国人或将达到 10%。

名第二的意大利（23.6%）和排名第三的葡萄牙（22.8%）。2021年，日本 65 岁及以上人口达到 3627 万人，占总人口的 29.1%（其中农村 65 岁及以上老年人口比例高达 45.2% 以上），75 岁以上为 1937 万人，占总人口比例首次超过 15%。按照这样的趋势，10 年内老年人将达到日本人口的 1/3。随着老年人口持续增多，日本政府需要负担更多的养老金和医疗费用开支，面临更加严峻的财政压力。① 根据日本厚生劳动省数据，到 2020 年 9 月，日本人瑞（通称期颐或百岁人瑞，常指年纪 100 岁以上的人）首次超过 8万人，达到 80450 人，百岁以上人口连续 50 年增长，每 10 万人中百岁老人达到 63.8 人（2022 年达到 72.1 人）。日本百岁老人中，女性占 88.2%。在各都道府县中，位于本州岛西南部的岛根县百岁老人密度最高，每 10 万人中有超过 127 名百岁老人②。高知县和鸟取县位列第二和第三，每 10 万人中百岁老人分别超过 119 人和 109 人。日本百岁老人更多依赖于医疗技术的进步，日本据此推进关联产业的发展，并在相关领域占据了产业制高点。

4. 干到 80，活到 100

老龄化社会最大的问题就是劳动力短缺，预计到 2030 年，日

---

① 刘军国 . 日本老龄化问题加剧 ［N］. 人民日报，2020-04-21（17）.

② 2021 年岛根县每 10 万人百岁老人达到 142.41 人。根据第七次全国人口普查，2020 年中国每 10 万人中百岁老人最多的是海南，为 27.2 人，其次为黑龙江（19.2）、天津（13.9）、广西（13.8），上海（13.1）。根据上海市卫健委、老龄办和统计局发布的《2021 年老年人口和老龄事业监测统计信息》，截至 2021 年底上海市户籍人口每 10万人中拥有百岁老人数从 20.8 人增加到 23.5 人，差别主要是因为没有按照常住人口进行统计监测。

本的劳动力数量将从现在的 6700 万缩减到 5800 万。日本的老龄就业人口连续多年增长，老龄人口在全体就业者中的比例达到 13.5%以上，65~69 岁的老年人就业比例高达 50.3%，日本甚至有"干到 80，活到 100"的提法。鉴于老龄者退休后再次就业的工作岗位质量低下等现实问题，加快重塑再教育体系对于日本这样的超老龄化国家而言以及其他进入深度老龄化社会的国家都是一个警示，在延迟退休年龄的同时，如何更好发挥退休后劳动力的社会作用成为必须面对的现实。老龄化并不一定意味着劳动力短缺，相反，老年员工忠诚度更高、贡献意愿更强，将成为不可或缺的劳动力资源。在日本，退休后的有酬就业受到老年人的重视，在年老时有机会从事有意义的工作，且工作方式更灵活、压力更小。

（二）韩国：迈入超老龄社会、人口负增长

韩国的老龄化速度在全球范围内都是史无前例的，日本从"高龄社会"（1994 年）到"超高龄社会"（2006 年），用了 12 年，韩国于 2018 年进入"高龄化社会"，2020 年韩国 65 岁以上人口占总数 15.7%（总数 812.5 万人）①，预计到 2025 年将上升到 20.6%，仅用 7 年时间就进入"超高龄社会"。在生育率持续低迷、国民预期寿命延长等多重因素影响下，到 2045 年韩国将可能

---

① 根据韩国统计厅 2022 年 7 月的数据，截至 2021 年 11 月，韩国总人口数为 5173.8 万人（包括外国人在内），较 2020 年减少 9.1 万人，是 1949 年以来首次出现人口负增长。老龄人口占总人口比重由 2016 年的 13.3%上升至 2021 年的 16.8%。

成为"老龄化率"世界第一的国家。到 2060 年，预计韩国老年人口比例将高达 43.9%。目前，韩国的老年抚养比为 21.7%，即每 100 名劳动年龄人口（15~64 岁）要负担 21.7 名老年人，受低生育率和高龄化影响，预计这一比例仍将递增，到 2060 年将高达 91.4%。

1. 人口出现负增长并将持续

韩国自 1970 年开始进行户籍人口统计，当年新生人口数为 100 多万，进入 21 世纪呈断崖式下跌，2001 年跌破 60 万，2017 年不足 40 万，2020 年仅 27.2 万，死亡人口数超过 30 万，出现"死亡交叉"现象，人口负增长提前出现，2022 年，韩国新生人口下降至 24.9 万，较 2021 年减少 4.4%，总人口数负增长 12.38 万。英国牛津大学人口学专家对韩国人口问题提出预警，认为到 2060 年韩国人口将可能降至 3664 万，2100 年将降至 1563 万，不到 2021 年韩国人口的 1/3，甚至称韩国或将成为"全球首个消失的国家"。从韩国人口负增长趋势来看，15~64 岁的劳动力人口规模将随之减少，2024 年以后韩国潜在生产能力下滑速度将达到每年 1 个百分点。由于就业和居住环境变数、经济下行压力等选择不婚不育人数将持续增加，韩国生育率仍将持续下降，少子化导致经济增长乏力，退休年龄大幅延长，大学面临无生可招的窘况[①]，

[①] 长期以来，韩国社会一直认为教育是攀登社会经济阶梯的唯一途径，这种"内卷"现象进一步加剧人口少子化问题，容易造成阶层分化，而事实上这种现象或问题在东亚国家普遍存在。

引入外籍劳动力的压力日益加大，民族和社会被动多元化及国际化的概率会越来越大。

2. 老年人贫困问题

2018 年，韩国贫困线年收入为 1378 万韩元（约合人民币6.89 万元），每 10 名老人中就有 4 名以上月收入不足 115 万韩元，65 岁以上老年人即使独自生活，每月所需生活费达 129 万韩元。老年人贫困率达 43.4%，在 OECD 成员国中排首位，约为 OECD平均水平（14.8%）的 3 倍，远高于美国、日本、英国、德国和法国。享受国民年金保险（养老保险）的 51 ~ 60 岁老人中，仅8.4%的人每月能领取 130 万韩元以上年金。2011 ~ 2020 年，韩国65 岁以上老年人口每年增加约 29 万人，老龄化速度是 OECD 平均水平 2.6%的 1.7 倍，韩国 70 ~ 74 岁的人中有 33.1%仍在工作，远高于 OECD 的平均值（15.2%），大量 60 岁以上的老龄人口，仍在工厂和建筑工地工作，甚至是从事远洋捕捞，而年轻人正在离开这些行业。

3. 针对低生育率出台政策

2005 年，韩国政府成立低生育及高龄社会委员会，自 2006 年起每 5 年发布一次《低生育及老龄社会基本规划》，将提升个人生活质量、减轻养育负担等作为政策重点，并从 2022 年起向有未满1 岁婴儿的家庭每月提供 30 万韩元（约合人民币 1552 元）的育儿补助，到 2025 年逐步上调至 50 万韩元，为产妇提供 200 万韩元的生育补贴。父母双方都可以为未满周岁的子女申请 3 个月的育儿假，每人每月最高可获 300 万韩元育儿津贴。韩国政府从 2021 年起为多子女家庭提供更多专用公租房房源，到 2025 年增加至 2.75 万套，并考虑将多子女家庭标准从现行的 3 名以上子女放宽至 2 名以上。此外，韩国将免收低收入家庭的第三个及以上子女的大学学费。为保护婚孕产期的职场女性，韩国政府要求企业公开男女员工在就业、晋升、薪酬等方面的信息[①]。

4. 但生育意愿仍将下降

2018 年，韩国成为世界上第一个总和生育率低于 1.0 的国家，2022 年，韩国总和生育率降至历史新低 0.78[②]。韩国女性平均生育年龄为 32.3 岁，所有年龄段女性生育率均有所下降，尤其是 20 多岁和 30 岁出头年轻女性生育率大幅减少。2005 年，韩国"一人户"家庭占比仅为 20%，2019 年首次超过 30%，2021 年达到 716.6 万户，在韩国所有家庭类型中占比 33.4%，预计到 2050 年，韩国"一人户"家庭的比重将达到 39.6%。韩国统计厅在 2020 年面向 13 周岁以上的国民进行的调查结果显示，约 32% 的受访者认为婚后没有必要生儿育女。按照年龄阶段，13～19 岁的比例最高，为 60.6%，其后依次是 20～29 岁（52.5%）、30～39 岁（41%）、

---

① 马菲 . 韩国出台新政策应对低生育率挑战［N］. 人民日报，2021 - 01 - 26（17）．

② 2020 年，韩国总和生育率为 0.84，2021 年下降到 0.81，2022 年跌至 0.8 以下。首尔的生育率为 0.59，是韩国生育率最低的城市。

40 ~ 49 岁（34.6%）、50 ~ 59 岁（22.1%）和 60 岁 以 上（12.1%）。韩国生育率排名"世界倒数第一"，且低生育率进程还在加快，工作和育儿难以兼顾的环境、高房价和课外辅导费负担等是导致民众不愿生孩子的主要原因，这对中国具有重要的警示借鉴。同时，越来越多的韩国人希望生女儿，尤其是在预期寿命变长的情况下，女儿成为在父母年老体衰时的更好人选，"重男轻女"似乎已成为历史。根据韩国统计厅数据，2020 年韩国出生人口性别比为 104.9，即韩国每 100 名女婴所对应的男婴数量为104.9 人，这是韩国从 1990 年开始统计以来新生儿中男婴比例的最低纪录，2029 年韩国或将进入"女超社会"。

五、老龄化标准是否要调整

为应对老龄化问题，多国相继推出一系列改革政策，以期缓解老龄化加速带来的负面冲击。德国将退休年龄延长至 67 岁，在2021 年引入基本养老金制度，并积极推动税收改革等措施，以扩大政府财政来源，补贴养老金缺口。法国政府于 2019 年 9 月发布《退休制度改革白皮书》，以单一积分制体系推动建立统一养老金体系。意大利政府上调了退休年龄并提高养老金领取资格的年龄，通过帮助老年人再就业等方式缓解劳动力缺口。韩国政府推进延长退休年龄，以解决因低生育率和老龄化趋势导致的老年人口贫困和劳动力人口日益减少的问题。韩国全国经纪人联合会针对 40岁以上求职者的调查显示，上班族希望在法定退休年龄（62 岁）

之后，能够再工作近 10 年①。2023 年 1 月，法国公布退休与养老金制度改革方案，从 2023 年起到 2030 年，将法定退休年龄由目前的 62 岁逐渐推迟到 64 岁，与欧洲其他国家相比，法国的退休年龄门槛是较低的，德国、西班牙、比利时的法定退休年龄为 65 岁，丹麦为 67 岁。不过法国民间反对推迟既定退休年龄的声浪一直很高，甚至引起全国性罢工②，但如果不法定推迟退休年龄，政府财政赤字将不断增加，也将导致养老金领取者购买力下降或增加税收。

几乎所有养老金制度都将法定退休年龄定为 65 岁。为什么是 65 岁？一种说法是德意志帝国首相俾斯麦是在 65 岁时引入退休年龄这一概念的，目的是让所有比他年长的竞选对手都必须退休。尽管这一说法受到质疑，但事实是几乎所有养老金制度都效仿了德国的做法，将人类就业能力的有效期定为 65 岁。20 世纪初的欧洲，人口的预期寿命约为 52 岁，每一代只有 45% 的人能活到 65 岁，而一旦到了 65 岁，人们平均还能再活 11 年。

1961~1977 年，几乎所有工业化国家都引入了提前退休计划。为了应对经济危机或深度产业转型，许多国家推出了慷慨的计划，允许工人在 65 岁法定退休年龄之前退休，更早地获得公共养老

---

① 希望继续工作的首要原因是"赚生活费、孩子上学"等经济因素（49.5%），其次为"喜欢工作"（22.2%）以及"维持健康"（11.3%）等。

② 法国政府养老金改革受到民众罢工抗议以及在野党的联合抵制，但法国养老金体系长期以来处于极其严重的赤字状况，每年需增加 300 亿欧元贷款来弥补赤字，到 2030 年将达到 700 亿欧元，到 2050 年可能会达到 1000 亿欧元，如果不延迟退休年龄，到 2030 年将有 1/6 的人拿不到养老金。

金，具体情况取决于各个国家和地区的政策。然而，到 20 世纪 70 年代，人口预期寿命达到 73 岁，每一代人中约有 70% 的人能活到 65 岁，而一旦达到该年龄，人们平均还能再活 15 年。自 21 世纪初以来，几乎所有国家都开始改革养老金体系，以使其适应新的人口结构和新的预期寿命。今天，几乎每一代中 90% 的人都能活到 65 岁，而一旦到了 65 岁，人们平均还能再活 20 年以上。更多的国家认为退休年龄应该逐渐推迟到 67 岁。

意大利是世界上人口老龄化最严重的国家之一，全国 6000 多万人口中，65 岁以上老人占总人口的 23.01%。意大利社会学家通过调查研究提出，真正意义上的老年人年龄应该超过 76 岁，并将 61~76 岁年龄段的人称为"后成年人"或"六七十岁的年轻人"。意大利女性的平均寿命为 84 岁，年龄对意大利女性老人来说仅仅是数字，她们以自己的方式继续享受和描绘着精致的人生，注重外表时尚，化妆精致，衣着得体，举止优雅。足够雄厚的经济实力让意大利女性老人比年轻人更具消费能力，专门为老太太提供针对性服务的美发店、服装店和美容店成为巨大的市场。意大利老年人在美化生活环境、穿衣打扮、外出旅游等方面是各年龄段中最肯花钱的，其消费总额占意大利人消费总额的 2/3。

当然，老龄化并不只有消费和享乐，即便你曾经是一个成功的商人，同样可以像罗伯特·德尼罗在《实习生》中扮演的角色那样，在自己 70 岁后通过应聘，成为时尚购物网站 CEO 的助理实习生，每一位有志的老人，都应当做好这样的准备，因为只有消费和享乐的老年生活，有时候可能是无聊的。

六、养老成为一个很现实的问题

老龄化与少子化并存，少子化使得老年人缺乏照料，长远来看，以养老地产、养老机构、社区养老等为载体的养老模式将是未来养老发展的重要方向。

1. 异地养老将成为一个新趋势

异地养老很重要的一点是养老成本。在欧洲，越来越多的老年人离开自己的住宅，到外地居住养老，西班牙、意大利、泰国等成为最受欢迎的居住地，相对西欧和北欧，这些国家的消费较为便宜，异地养老更划算，老年酒店包吃包住，还有 24 小时护理服务。在人口过度集中、土地成本过高的一线城市养老难以称为"颐养天年"。作为全球住房市场最贵的城市，过去 10 多年香港的楼价暴涨①，养老生活条件不理想，香港很多养老床位申请等待平均时间超过两年。相比之下，距离香港约 130 千米的广东惠州面积是香港的 10 倍，西邻广州、深圳和东莞，海岸线距九龙仅 90 分钟车程，同属粤语和客家话系，更好的跨境交通连接、更多的养老医疗补贴、更低的跨境护理设施成本，成为香港人退休养老的新选择。如果从更大的区域范围来看，从广州乘坐高铁不到 2 小时可

---

① 2022 年香港私人住宅售价指数下跌约 15.6%，结束连续 13 年增长，但在"通关"和经济复苏等因素带动下，2023 年香港私人住宅售价将会上升 10% 以上。

达的广西贺州和 3 小时可达的江西赣州等城市，都将可能成为珠三角地区异地养老的重要选择。

2. 养老社区：应对老龄化的组团模式

中国市场化养老的开启可以追溯到 20 世纪 90 年代初期。其实早在 1979 年，率先步入老龄社会的上海即开始公办养老、公建民营养老等建设（1979 年上海 60 岁及以上人口占总人口比例为 10.2%）。政府以养老设施布局专项规划为引领，整合资源扩建养老床位、社区居家养老服务设施等，但依然无法跟上人口老龄化速度，更无法满足日益增长的个性化养老需求①。以往的"床位养老"已难以满足具有品质的老龄生活要求。养老社区（Continuing Care Retirement Community，CCRC），是指具有复合型养老功能的社区，从老年的生理、心理出发，以无障碍和人性化设计理念设计建造，使老人在健康状况和自理能力变化的过程中，能够选取与身体相适应的生活照料和精神慰藉。上海的"清和源"创建了中国第一座集居家养老、机构养老、社区养老为一体的养老社区，率先探索"医养结合"养老服务，提出"养老改变生活""公益成就老年价值"等理念，采用会员制服务模式确保养老服务的专业化、个性化、人性化与品质化②。传统一般意义上的养老社区称

---

① 丁曦林. 从"至尊老人的家"到"成就老年价值"［N］. 文汇报，2020-07-20（4）.

② 《大城养老》编委会. 大城养老——上海的实践样本［M］. 上海人民出版社，2017.

为 1.0 版，"医养结合"养老模式则是 2.0 版，3.0 版将 AI、大数据等先进技术与教育养老、文化养老等深度融合，将是中国人养老的新选择。

3. 养老产业也是一个智慧产业

智能化/智慧化提升将是养老产业发展的关键导向，智能设备在养老产业中将实现更大规模的应用，这有助于建立家庭、社区、养老机构、社区医院四方联动的信息系统，将老人需求和专业服务进行有效对接。日本推出的"高龄者健康智能守护系统"可以通过高龄者打开冰箱门的力度及洗衣机、空调等电器的使用频率和时间，第一时间感知高龄者身体状况的变化，有效避免高龄者出现危险的情况。德国研发出"环境生活辅助"便携系统，可通过电脑、智能手机与医护中心连接，老年人在家里就可以接受医生的监护和诊断。松下集团 2019 年开始涉足中国养老市场，推出步行训练机器人、分离式护理床等产品，日立集团与中国企业合作研发照护机器人。目前，中国 90% 左右的老年人都在居家养老，未来将有更多的老人将血压计、血糖仪等物联网设备带回家，通过手机上传检测数据，社区医院的医生或养老机构的护理员可以实时了解老人的健康状况，这将有助于构建智慧养老系统。

4. 建立"新护工"体系

养老产业的主要短板是护工数量短缺，经过正规培训、取得从业资格证的护工并不多，造成养老服务质量参差不齐。以加拿大为例，到 2050 年，加拿大需要进行医院以外长期护理的人数将是现在的两倍以上，政府的支出将从 220 亿加元（约合人民币 1130 亿元）增至 710 亿加元。长期照料工作由家庭成员免费承担将不可持续，用低报酬换取低端服务是私营小规模养老院存在的通病。职业化、细分化、有资质认证的护工市场将是未来养老产业发展的选择。在欧洲，护工的专业划分很细，烹调护工、护理护工、陪聊护工都可以上门服务。在日本，机器人取代部分高强度劳动已经成为行业通行的做法，针对不同健康状况的老人用不同型号的机器人洗澡非常普遍。未来，更多的养老机构将创建品牌，采用连锁模式实现规模效应，并通过更多机器人或智能设备，降低运营成本，提高护工工资，建立适应老龄化的"新护工"体系。

5. 农村养老制度亟待改革

中国农村人口老龄化严峻，农村老人逐渐进入晚年，而养老金"只够糊口"，2009 年中国开始建立全国性的农村社会养老保险体系，但养老金难以维持农村的普通生活，这一计划覆盖全国，不同地区的农村养老金水平不同，且远低于全国城镇退休人员平均每月 2000 元的养老金水平。在中国大部分农村地区，老年人在晚年必须继续依靠自己的劳动、子女或积蓄，但在快速的城市化进程和人口老龄化过程中，大批年轻人离开农村前往城市寻找更好的机会，意味着年轻人不能在身边照顾老年人，在农村的老年人远比年轻人多。根据中国社会科学院的一份报告预测，到 2025 年，中国农村每 4 名居民中就有 1 名年龄超过 60 岁，总人数达到

1.24 亿左右，意味着超过 40% 的中国家庭必须攒足够多的钱来养老，这在很大程度上制约了在外部环境日益不确定背景下消费市场能力的提升①。

6. 高端养老院将受到欢迎

社会资本进入养老领域，开办各类私立养老院将成为应对养老问题的重要选择。高端养老院能够提供堪比五星级酒店的环境、设施、餐饮、娱乐、医疗、服务等，甚至免费提供多功能会议室、咖啡茶点等，这也是社会高层人士退休后愿意多花钱选择高端养老院的原因。有些高端养老院的图书阅览室非常健全，环境清静优雅，能够满足高教育程度老人的需求。一些养老院定期组织旅行，老人自愿参加并可享受优惠，或是为老人购买歌剧票及艺术展、节日庆典的门票，以此满足老人的更多需求。

七、适应老龄趋势，创造未来产业

应对人口挑战，不仅要科学认识人口发展规律，更要顺应人口变动趋势，主动调整社会经济发展机制，挖掘潜在人口机遇，推进人口与社会经济发展相适应的现代化建设②。人口老龄化将以前

---

① Wang, O., China's pensions gap forces rural peasants to labor into old age, Ink-stonenews, Aug 24, 2020, https：//www.inkstonenews.com/society/chinas-pensio, ns-gap-forces-rural-peasants-labor-old-age/article/3098648.

② 杨舸. 积极挖掘人口机遇 [N]. 光明日报, 2023-01-30 (2).

所未有的方式对未来经济社会发展产生深刻而长远的影响，在对经济发展和社会保障带来压力的同时，也将倒逼城市、交通、消费、产业等方面进行革新。在技术进步和创新加持的背景下，老龄化能够成为未来发展的积极因素，新的预期趋势将带来投入结构的转变和商业领域的变革，这一点是目前所能清晰看到的。

1. 老龄群体消费能力充分释放

随着老年人口比例不断上升，老年群体消费市场地位越来越重要，这为"银发经济"带来巨大潜力。应对人口老龄化必须大力发展养老服务，积极开发与人口结构变动相适应的产业、产品和服务，满足老年人消费和养老的需求①。老年群体的新需求蕴含着巨大商机和市场潜力，面向老龄群体的休闲、旅游、体育、文化、食品、电子产品、金融产品、美容和化妆品、时尚、保健养老金计划、城市规划、住房等都将是银发经济的关键发力点。欧盟银发经济每年的增长潜力为5%，到2025年，欧盟银发经济规模将达到6.4万亿欧元，创造8800万个工作岗位，相当于欧盟GDP的32%和就业岗位的38%。在西班牙，60岁以上的人口拥有该国60%的财富，越来越多的企业和资金将涌向老龄消费群体。

2. 保健和老年护理市场不断扩大

随着老年人口的增加，养老产业投资规模不断扩大，面向老龄

---

① 赵忠. 从国家战略高度应对人口老龄化［N］. 人民日报，2021-04-29（5）.

人口的市场趋向成熟，医疗医药、康养护理和生活辅助等将是重要方向。由于公共医疗系统的限制，越来越多的适龄劳动力将可能会转向私营部门就业，如长期护理机构。除了护理服务外，老龄人口将需要更多的产品，如药品、医疗设备和残疾辅助工具。所以，用于老年人的失禁防护用品生产比婴儿尿布更具前景①。日益老化的人口以及不断壮大的中产阶层对健康的追求，让更多的投资涌向生物医疗领域，使其成为一个具有巨大潜力的市场。面向老龄群体，医疗器械、生物制药、生命科技、医疗服务及诊断等领域将加大投资。在老年食品方面，低热量、低盐、易于吞咽的半流质食品及口感软烂的素食等分类细致的特需食品将受到关注。日本的一家公司推出一款针对高龄者的产品——"服药果冻"，以满足因疾病或衰老而吞咽困难的老人的需要。

3. 老龄化并非都是不利

中国即将退休的"婴儿潮"一代②将在旅游、健康食品和商业保险上花费比前几代人更多的钱，即将退休的 2.45 亿人（约占中

---

① 到 2025 年，中国 65 岁以上的人口或将达到 3.65 亿，中国成人纸尿裤市场的规模将超过婴幼儿产品市场。这一"转折"在 2010 年前后就在日本出现。到 2028 年，中国成人纸尿裤市场的价值将从 2020 年的 10 多亿美元增至 160 亿美元；到 2040 年，可能增至 300 亿美元。资料来源：Leo Lewis and Edward White. Nappy manufacturers shift focus in China from infants to elderly, Nov 29, 2021, https：//www. ft. com/content/6fc578dd－72b3－40a9－b906－324e7ae2c91a。

② 1949 年以来，中国出现了三次"婴儿潮"，第一次婴儿潮是在 1949～1959 年，由于人口基数小，此轮新生婴儿绝对数量并不大；第二次婴儿潮自 1962 年开始，持续至 1973 年，是出生人口最多的主力婴儿潮；第三次婴儿潮在 1981～1991 年，是第一次婴儿潮新增人口进入生育年龄制造的，也可称为"回声婴儿潮"。

国人口的 17.4%）将为许多行业带来极其可观的商机。与已退休的人相比，中国"婴儿潮"一代更有可能拥有房产和汽车，且只有一个孩子，有更大的独立性和自由，在退休后可以追寻自己喜欢的生活方式。旅游、娱乐和健身将是最受益行业。"婴儿潮"一代预计将年均出游 6.3 次，而目前已退休者只有 3.5 次。保健服务和健康食品将有更大需求①。预计 68% 的人退休后会服用膳食补充产品。与上一代相比，新"老龄人口"谙熟互联网技术，约 57% 的人进行网购，年均消费 4214 元，1/6 的人叫过外卖。相比之下，已退休人群的这两个比例仅分别为 29% 和 4%。

4. 老龄人口消费更趋多元化

老龄人口的消费能力将更多渠道、更深层次地释放出来。"新老年人"在个人闲暇时间增多后，在文化消费方面呈现更多需求。"新老年人"对互联网和社交媒体有更多了解，视野相对更加开阔，具有更多的文化消费选择，能够通过新媒介满足文化需求。"新老年人"会带来老年文化消费升级，有条件也有能力享受更加优质的文化服务和产品，这为文旅融合以及更高端、更多样的文化发展提供了条件。影视方面能反映"新老年人"兴趣的作品，高雅艺术的供给，与身心健康相关联的文化产品等，都将成为新

---

① Liu, Y. J., China's retiring "baby boomers" a shot in the arm for tourism, fitness and insurance sectors, Credit Suisse, Sep 14, 2020, https://amp.scmp.com/business/china-business/article/3101383/chinas-retiring-baby-boomers-shot-arm-tourism-fitness-and.

的增长点，更好地撬动文化发展[1]。

　　一个有意思的问题是，老龄化将与应对气候变化联系在一起。未来 40 年，阻止全球变暖面临的最大威胁将可能来自非洲和南亚人口的增长，尽管发展中国家的排放量可能会随着生活水平的提高而增长，但未来 40 年里，日本、美国、英国和德国等富裕、老龄化国家随着人口减少，消耗和排放量也将随之减少，对自然界的破坏也会减少。以日本为例，日本每年人均二氧化碳排放量是南苏丹人均排放量的 54 倍[2]。当然，这个过程中还有两个因素存在变数：一是富裕国家将基于自身需求和道德责任，接纳越来越多的因气候灾难而流离失所的人；二是减排也将越来越多地取决于老年人选择的生活方式。

---

　　① 张颐武. 中国老龄人口带来文化新可能 ［N］. 环球时报，2021 - 05 - 14 （13）.

　　② Ciara Nugent, Aging Populations Can Be Good for the Climate Change Fight, The Times，2023. https：//time. com/6250060/aging-population-climate-change-japan/.

环境：

气候变化和塑料污染

2020 年 2 月，国际可持续性研究网络"未来地球计划"发布了由来自 52 个国家的 222 位科学家撰写的报告，指出将造成最严重后果的五大全球性威胁：应对气候变化的努力失败、极端天气事件、生物多样性损失严重和生态系统崩溃、粮食危机、水资源危机①。这其中应对因气候变化带来的海平面上升、全球酷热以及塑料污染等问题，都是维系全球人类命运共同体所面临的挑战，否则这些生态威胁与经济危机彼此助推，将可能引起系统性的全球危机。

一、气候变化带来的挑战

气候变化是全球范围内的"生存风险倍增器"，将放大人类生存面临的其他威胁②。气候变化带来的影响是未来 30 年内地球面临的"最大和最有可能变成现实"的风险③。全球极端气候灾害在过去 20 年中显著增多，贫困国家的因灾死亡率比富裕国家高出 4 倍多，遭遇自然灾害最多的国家依次为中国、美国、印度、菲律

---

① 自 20 世纪 80 年代以来，全球水资源使用量每年增加 1%，根据世界气象组织（WMO）《2021 年气候服务状况：水》，截至 2018 年，约有 36 亿人每年至少有 1 个月用水量不足，预计到 2050 年，这一数字将超过 50 亿。尼日尔未来 25 年降雨量将会减少约 50%。

② 人类面临哪些"生存风险"？［N］．环球时报，2020-07-27（5）．

③ The Global Risks Report, 2021 16th Edition, January 2021, World Economic Forum.

宾、印度尼西亚，重大洪灾发生次数增加超过1倍，占灾害总数的40%，风暴、旱灾、林火、极端天气事件也显著增多。伴随气候变化而来的问题——食物无保障、水资源稀缺和极端气候事件，将注定在某些区域范围内日益威胁人类的生存。一项由中美欧科学家联合完成的报告甚至预言，若无法有效遏制气候变暖，到2070年，地球1/5面积将变成"撒哈拉"。

（一）气候变化：极端天气、碳排放源和碳转移

2020年以来，为应对气候变化，碳达峰碳中和成为普遍共识，2030将是碳达峰年份，2050~2060年将是各国推进实现碳中和的战略区间，要实现碳达峰碳中和，不仅要大幅减少化石燃料，还涉及能源生产的重要转型和陆地碳汇的可持续增加①。实现碳中和目标并不是对增长的制约，其本身就是增长战略，将促进经济与环境的良性循环，也将加剧世界环境市场主导权之争②。欧洲经济复苏计划将聚焦绿色发展和数字化转型，日本提出到2050年实现温室气体零排放，完全进入"零碳社会"，将积极推进新一代太阳能电池及

---

① "碳汇"是指吸收碳多于释放碳，从而降低大气当中二氧化碳浓度的"仓库"，如泥炭地或森林。中国有两个地区的碳汇规模可能被低估，集中在中国西南的云南、贵州和广西以及中国东北部，尤其是黑龙江和吉林。中国西南的陆地生物圈是中国迄今为止吸收量最大的单一区域，每年吸收量约为0.35拍克，占到中国陆地碳汇的31.5%，1拍克是10亿吨。东北的陆地生态圈是季节性的，年度净吸收量约为0.05拍克，约占中国陆地碳汇的4.5%。Jonathan Amos. China's forest carbon uptake underestimated, Oct 28, 2020, https：//www.bbc.com/news/science-environment-54714692。

② Decarbonization Strategy：Consider Effective Support Measures, Dec 27, 2020, https：//www.yomiuri.co.jp/editorial/20201226-OYT1T50246/.

回收利用二氧化碳技术的研究，从"根本上"减少火力发电的比例。

1. 极端天气带来巨大经济损失

随着全球气温升高，高纬度地区和非洲撒哈拉地区可能会更潮湿，南美洲北部和东部地区会更干燥。大西洋北部地区可能有更强的西风，导致西欧地区出现更多风暴。气候变化加剧将导致全球各地不断出现极端天气，造成巨大经济损失，世界最大的经济损失都与热带气旋异常有关。国际货币基金组织的研究显示，对年均温度 25 摄氏度的中低收入国家来说，气温升高 1 摄氏度，将导致经济增长率下降 1.2%[①]。

2. 碳排放大国和碳排转移

2010 年以来，排名前四位的碳排放国/经济体（中国、美国、欧盟和印度）贡献了全球碳排放总量的 55% 以上，但并不包括毁林等因土地用途改变而导致的碳排放量。如果将后者计算在内，排名会有所改变，巴西则可能成为最大的碳排放国。全球碳转移网络呈现非均衡发展，供给侧和需求侧结构失衡，少数国家产生了多数的碳排放，中国已成为全球生产侧碳排放网络中心，且在消费侧碳排放网络中地位不断上升，美国和德国始终处于全球消费侧碳排放网络中心[②]。根据美国气候研究中心"突破研究所"

---

① 张朋辉. 应对气候变暖面临更大挑战［N］. 人民日报，2020-07-14（17）.
② 余娟娟，龚同. 全球碳转移网络的解构与影响因素分析［J］. 中国人口·资源与环境，2020，30（8）.

（Break through Institute）《世界最大的二氧化碳进口国和出口国》，如果算上从中国进口的产品中所包含的碳排放，1990~2014 年美国的碳排放增幅将从其宣称的 9%增加到 17%。英国算上同期从中国进口的所有产品，则其宣称的碳排放减少 27%实际上只有 11%，这就是所谓的"碳排放转移"或"外包污染"问题。同时，全球 1%的最富有人口的碳排放量是 31 亿最贫穷人口的两倍多，海岛国家和经济弱势群体在气候变化中面临的风险首当其冲。

3. 碳达峰碳中和的关键领域

碳排放的主要来源是一些资源型产业和交通等领域，碳达峰的前提是加快太阳能、风能、水电和核能、氢能等清洁能源发展，对化石燃料使用所排放的二氧化碳进行捕获并永久存储或抵消。海上风力发电、电动车、氢能源、住宅建筑以及航运业、航空业等将是实现"净零排放"的先导领域。同时，要提高纺织品、塑料、电子产品等领域的回收率和重复使用率，水泥、钢铁、化工为代表的能源密集型产业将会因转型成本过高导致企业竞争力下降。除此之外，人类必须改变习以为常的消费行为，例如服装行业所涉及的碳排放约占全球碳排放总量的 10%，超过航空业、海运业碳排放量的总和，人们购买了大量的廉价短寿命服装，在丢弃后没有得到回收，因此要从耐用性和回收角度设计服装，能够进行再利用，或是尽可能减少购买。由回收材料制成的环保面料将吸引更多有环保意识的消费者，从废弃的塑料瓶和旧衣中提取再生纤维，并制成新的服饰产品。

4. 直接捕获二氧化碳

直接从空气中吸收二氧化碳，并将其转化为燃料颗粒或封存在地下是可行的。国际能源署估计，要在 2050 年实现碳中和目标，存储二氧化碳的做法将有助于减少 10%～15% 的温室气体排放。许多初创公司推进探索直接空气捕捉技术（Direct Air Capture，DAC）。2017 年，"气候工厂"公司在瑞士欣维尔建立了第一家"直接空气捕获"工厂，每年能捕获 900 吨二氧化碳，然后卖给企业，用于生产碳酸饮料和化肥。瑞士公司 ClimeWorks 于 2021 年在冰岛开设了 DAC 工厂，以每年 4000 吨的速度将捕获的二氧化碳以矿物形式掩埋。2022 年，加拿大 Carbon Engineering 公司在美国得克萨斯州建造世界上最大的 DAC 设施，每年能够捕获 100 万吨二氧化碳。挪威建造名为"北极光"的"二氧化碳墓地"，是全球第一个开放式安全处理、运输和永久存储二氧化碳的基础设施[①]。目前，利用"直接空气捕获"技术来清除二氧化碳的成本为每吨 500～600 美元，未来 10 年内可能降至每吨约 200 美元或更低。与从空气中抽取二氧化碳相比，从油气作业或钢铁厂以及燃煤发电厂等工业设施中捕获二氧化碳在技术上更容易，成本也更低，因为工厂排放的气体中二氧化碳的浓度要高得多。全球范围内，每

---

① "北极光墓地"由挪威国家石油公司、法国道达尔能源公司和英荷壳牌石油公司合作开发，从欧洲工厂烟囱中捕获的二氧化碳被冷却压缩至液态，通过管道注入地下2600 米盐水层，并在其中溶解，首期将于 2024 年投入使用，每年将封存 150 万吨液体二氧化碳，长期目标是每年存储 1000 万～2000 万吨二氧化碳。

年从工业设施捕获的二氧化碳量累计达 4000 万吨，是 2010 年的 3 倍，但这还不到可捕获总排放量的 1%。2023 年 3 月，丹麦批准启动"海绿石"计划项目，该项目在北海海底 1800 米处封存二氧化碳，丹麦将成为全球第一个把从国外输入的二氧化碳封入海底的国家。哥本哈根承诺到 2025 年成为全球首个实现完全碳中和的城市，根据世界经济论坛的估算，其海水冷却措施可能已从城市大气中去除了 8 万吨二氧化碳①。2023 年 6 月，中国海上首个百万吨级二氧化碳封存工程投入使用，标志着中国已拥有二氧化碳捕集、处理、注入、封存和监测的全套技术和装备体系，这对中国实现碳达峰碳中和目标具有重要意义。

（二）海平面上升对沿海地区的威胁

造成海平面上升的主要原因是冰川和冰盖融化，以及全球气温升高导致的海洋膨胀，在世界许多地方，大量抽取地下水是第三个因素。1920~2020 年，全球海平面上升了约 17 厘米。目前，全球 2/5 的人口生活在距离海岸 100 千米的范围内，90%的大城市都很容易受到海平面上升的影响。全球气候变暖加速冰川融化，将导致全球海平面上升。覆盖全球第一大岛格陵兰岛（216.6 万平方千米）的冰盖正在大面积融化，2019 年全球海平面上升，其中 40%或 1.5 毫米可归因于格陵兰岛的融冰，2000 年之前，格陵兰

---

① 哥本哈根大学化学家 Jiwoong Lee 以二氧化碳替代电力将海水转化为饮用水，该技术将二氧化碳反应型二胺加入海水中，在 10 分钟以内吸收并分离盐分，可用于缺乏清洁饮用水地区的生存装备和大型工业厂房。

岛冰盖的融冰量与结冰量仍能基本持平，然而过去 20 年里，全球加速变暖打破了这一平衡[1]。研究表明，格陵兰岛不断融化的冰层将最终使全球海平面上升至少 27 厘米，极端情况甚至达到 78 厘米[2]。从极端情况来看，到 2100 年，全球海平面可能会比 2000 年上升 60~210 厘米，最终结果将取决于全球碳排放量以及人类应对气候变化的成效。

1. 海平面上升危及范围或将扩大

气候科学与新闻组织"气候中心"研究发现，海平面上升危及的人数可能是此前预估的 3 倍，未来 30 年内，有 3 亿居住在沿海地区的人每年至少将遭遇一次洪水，预计到 2050 年，1.5 亿人的居住地将沉没到高潮线之下。如果不采取防范措施，这些地方将无法居住[3]。到 21 世纪末，拥有约 10% 全球人口的沿海地区将面临洪水频发或是被永久淹没的威胁。目前，全世界约有 2.67 亿人生活在海拔低于 2 米的地区，预测到 2100 年，除非温室气体排放量减少，否则全球海平面可能上升 1 米，将有多达 4.1 亿人生活在海拔低于 2 米的地区。62% 的高风险地区位于热带，其中印度尼西亚的高风险地区面积为全球之首，尼日尔河三角洲和拉各斯同

---

① Fountain, H., Loss of Greenland Ice Sheet Reached a Record Last Year, Aug 20, 2020, https://www.nytimes.com/2020/08/20/climate/greenland – ice – loss – climate – change. html.

② 研究成果于 2022 年 8 月发表在《自然》杂志子刊《自然——气候变化》。

③ 联合国教科文组织《信使》在 2021 年 1 月刊登了一篇名为《海平面上升的危险已近在眼前》。

样面对海平面上升的威胁。

2. 海平面上升造成难以估量的经济损失

2013 年，英国《自然——气候变化》杂志的一项研究表明，由于气候变化与人口骤增，到 2050 年，包括融冰在内的平均海平面将上升 0.2~0.4 米，全球 136 个最大沿海城市的洪灾损失将达到每年 1 万亿美元，其中 1/4 的城市都处在三角洲，将面临海平面上升、地层下陷的威胁，尤其是抽取地下水的城市[①]。大部分地区仍按照以往的标准设计洪水防御工程，缺乏及时改进和气候适应性。全球众多大都市和金融中心位于沿海地区，面临威胁的资产价值超过 14 万亿美元——约占全球国内生产总值的 1/5[②]。全球沿海城市将可能比现有预测速度更快迎来"未来水世界"。"新西兰海面上升"项目研究表明，到 2040 年，惠灵顿的海平面将上升 30 厘米，比预测提前 20 年，奥克兰等城市海平面上升速度将加快50%。为了避免难以想象的经济损失，必须做好修建堤坝、防洪墙、防波堤等"防护结构"。海平面上升将对中国上海、深圳、香港和东京、新加坡这样的全球中心城市带来严峻挑战。到 2050年，美国海岸线的海平面或将平均上升 25~30 厘米，美国中等程度海岸洪水的数量将达到每年 10 次以上，沿海地区将更加频繁地

---

① 郝静.2050 年沿海地区洪灾损失将达数以万亿 [N].中国气象报,2013-08-26 (3).

② 沿海地区洪水威胁全球 1/5 财富.资料来源：王露露.研究称沿海地区极端洪水或威胁全球 20%的资产安全 [N].参考消息,2020-07-31 (7).

遭遇毁灭性洪水灾害，美国大西洋沿岸海平面上升幅度可能高于太平洋沿岸，美国约40%的人口居住在沿海岸地区，未来海岸洪水将造成巨大的人员和经济损失。

3. 沿海城市：面临沉降和海平面上升

随着海平面上升，像迈阿密、上海①、香港这样的沿海城市面临大规模洪水的威胁。一些城市所面临的洪水威胁甚至比气候变化带来的威胁更加迫在眉睫。建立在平坦、低海拔河流三角洲上的沿海城市，地面沉降的速度尤其快，全球一些大城市的下沉速度甚至比其周围海平面上升的速度还要快。在沉降过程中，土地会因为地表以下物质的变化而下沉和压紧，导致绝大多数城市的土地每年下沉数毫米，且在很大程度上是由地下水开采、油气钻探、城市建设等人类活动造成的。开采地下水是全球城市出现沉降的主要原因，高层楼宇或工业活动高度集中的地区下沉速度往往快于周边的陆地。全球至少有33座城市的每年下沉速度超过1厘米，是海平面上升速度的5倍。下沉速度最快的城市集中在南亚和东南亚，印度尼西亚计划将首都从拥有1050万人口的特大城市雅加达迁至2000千米外婆罗洲上的一座新建城市，部分原因是雅

---

① 1978～2007年，上海的海平面上升115毫米，海平面上升速度进一步加快，将给上海带来内涝、盐水入侵等一系列威胁。资料来源：何欣荣. 未来30年，上海会怎样？[N]. 新华每日电讯，2014-11-30（3）.

加达正在下沉①。尼日利亚最大港口城市、西非第一大城市、人口超过 2400 万的低洼城市拉各斯，由于距离海平面不到 2 米，到 21 世纪末很可能已经不再适宜居住②。在墨西哥城，尽管 20 世纪 50 年代停止了地下水开采，但这座建在古代湖床上的城市仍以每年近 40 厘米的速度下沉。根据预测，埃及第二大城市亚历山大到 2050 年有将近 30% 的面积被海水淹没，1/4 的人口不得不重新安置。

4. 导致城市洪涝灾害恶化的许多因素是不可逆转的

虽然沉降是不可逆转的，但减少开采至少能够放慢沉降速度。雅加达的下沉深度已经从大约 30 年前的每年 28 厘米减少到每年 3 厘米，部分原因是印度尼西亚政府加强了对地下水开采的监管。2022 年，北雅加达地方政府颁布了地下水开采禁令。每年下沉多达 0.8 厘米的孟买将面临越来越大的沿海洪水以及日益严重的降雨带来洪涝灾害的风险，到 2050 年，孟买将有近 2500 栋建筑可能因海平面上升而在涨潮时受损。

（三）气候难民

自然灾害不分国界，与通常为躲避战乱和政治迫害的难民不

---

① 加上周边郊区人口，雅加达人口达到 3000 多万，占印度尼西亚总人口的 11%，由于松软的地质结构以及地下水的大量开采，雅加达每年下沉 5~10 厘米，单靠修建堤坝阻止海水倒灌已经难以为继。

② 裴雯涵. 非洲最热闹城市可能在 2050 年被淹没？［N］. 解放日报，2021-08-21（8）.

同，气候难民是因为自然灾害失去土地、居所和基本生活资料的难民。全球变暖所导致的异常天气将在世界多地制造大量"气候难民"，其数量是因武装冲突导致的难民数量的 3 倍，到 2050 年之前，气候难民规模可能将超过 2 亿人。根据国际难民监测中心（IDMC）的数据，2020 年全球产生了 3070 万气候难民，而同期因冲突沦为难民的为 980 万人。最大的原因是自然灾害频发，世界气象组织的数据显示，洪水、干旱等灾害的发生频率已从 20 世纪 70 年代的每 10 年 711 起增加到 21 世纪 10 年代的每 10 年 3000 起。

受气候变化影响，近年来天气变得更加极端，全球重大洪涝风险增加，在全球 18 亿面临洪涝风险的人口中，约 70% 居住在南亚和东亚，其中 3.95 亿人居住在中国，3.9 亿人居住在印度。2021 年，中国河南省近 100 万人遭受水灾，造成的直接经济损失约为 1337 亿元，2022 年夏季，中国南方部分地区降雨量达到创纪录水平。未来 30 年，气候变化和不可持续的城市化模式预计将进一步加剧洪涝风险。根据世界银行的报告，到 2050 年最多将有 2.16 亿人沦为难民，其中 8600 万来自撒哈拉沙漠以南非洲，4900 万来自亚太地区，4000 万来自南亚。

受热带风暴影响，潮汐高位和洪水不断侵袭孟加拉国，飓风每年使 11 万人被迫离开家乡，洪水每年平均造成 100 万人流离失所，大量人口涌入首都达卡，最大的贫困窟中居住近 20 万人，大多数都是气候移民，人口规模激增和城建规模扩大，地下水遭到过量开采，又导致地面下沉问题严重。过去 10 年，孟加拉国已有数万气候难民移居到港口城镇蒙格拉，当地政府完善了堤坝和排水系统等的防洪功能，给移民提供了工作机会，但发展中国家还必须应对粮食危机和地区冲突等问题。

（四）全球酷热

全球变暖正以过去 2000 年来前所未有的速度发生，未来热浪干旱等极端天气将成为新常态。到 2100 年将全球平均升温幅度控制在 1.5℃的可能性只有 0.1%，预计到 2050 年全球将很可能升温 1.8℃。如果不采取有效的全球应对策略，40℃以上的高温将成为未来夏天的常态。2022 年，全球气温再次攀升，从欧洲到北美，整个北半球都遭受异常高温天气袭击，极端高温让全球多个城市面临严峻考验，欧洲经历了 500 年来最为严重的干旱，许多河流几乎完全干涸。世界气象组织（WMO）在 2022 年 7 月发出警告称，欧洲窒息的热浪将变得越来越频繁，气候变化引发的负面趋势将至少持续到 2060 年。英国经历了前所未有的高温天气，40.3℃的温度创下历史最高纪录，而英国又是一个在住宅内极少安装空调的国家，异常高温对生态系统、公众健康、交通运输、基础设施、学校教育等领域造成严重影响。2022 年，中国的高温天气以长江流域为中心，从四川成都直到沿海城市上海，影响到 14 亿人口中的 9 亿多人。2022 年 8 月，中国的安徽、江西、湖北、湖南、重庆、四川 6 个省份耕地受旱面积为 967 万亩，有 83 万人因旱供水受到影响。同样酷热的不仅仅是北半球国家，2023 年 1 月，南半球的阿根廷迎来了 1961 年以来最热的夏天。

某种程度上，人类向大气层注入更多二氧化碳，就好像对大气层使用兴奋剂。如果温室气体排放的影响无法得到遏制，那么全球气温将会越来越"兴奋"，且无法确定到 21 世纪 60 年代能否"触顶"。气候变化的速度比人类社会的适应性行动更快，极端天气事件将变得越来越普遍。但长期以来，城市规划、基础设施和材料设计都未充分考虑抵御极端高温的问题。世界气候组织的预测表明，炎热天气将使疾病患者和老年人死亡率大幅上升，除了严重的健康影响外，高温推高了居民和企业的电力需求，干旱对农业领域带来的影响将会更加频繁，到 21 世纪中叶，预计全球将有超过 35 亿人受到热浪的影响，在 2060 年实现碳中和目标之前，人类还将经受很多个酷热的夏季。即便人类能够实现气候目标，到 2100 年，热带地区的大量人口仍可能有半年时间暴露于危险的高温中，这些地区有大量人口将可能面临潜在的"噩梦般"的极端高温时期，撒哈拉以南非洲和印度的大片地区将面临更为严峻的风险。

人类必须加快建设"高温韧性社会"，通过建筑、基础设施和开放空间等多方面改良建设，做好抵御气候变化带来极端高温影响的准备，利用各种资源救助弱势或不适应高温的群体，将极端天气对经济、社会及生态环境的负面影响降到最低。高温天气将对整个经济体系产生显著的影响，一些涉及抵抗高温的产品甚至是概念股都将受到市场的青睐，而在夏季能够为人们提供"避暑之地"的城市将会有新的发展契机。全球酷热所带来的影响将是多方面的，例如服装领域，将有更多能够降低体温的革命性合成服装材料帮助在高温环境下工作的人们免受热射病的危害。

二、禁塑：同样严峻的问题

塑料是一种聚合物，通过将氢、碳和其他元素结合在一起制成的。虽然有些塑料声称是可回收的，但每次回收都会在一定程度上降低品质，只能用于生产更低价值的产品。长久以来，由于追求低成本和迎合消费者，塑料垃圾"负外部效应"未能得到合理估量甚至是被忽视。联合国环境规划署 2018 年的报告显示，1950~2017 年全世界累计生产约 92 亿吨塑料制品，被循环利用的只有 9%，约 12% 被焚烧，其余 79% 最终堆积在垃圾填埋场或进入自然环境，打破塑料产品原有"提取—制作—丢弃"的生产惯性已经迫在眉睫。中国已成为全球最大的塑料生产国和塑料制品生产国，2021 年，中国生产了 1.1 亿吨塑料，进口 3397 万吨，生产塑料制品 8000 多万吨。2020 年，全球塑料产量 3.67 亿吨[①]，人均消费量 46 千克，每年用掉的塑料袋多达 5 万亿个。预计到 2050 年，全球塑料产量将达到 11 亿吨，累计产量将增长到 340 亿吨，年塑料废弃物产生量约为 3 亿吨。2022 年 6 月，经合组织（OECD）发布《全球塑料展望：到 2060 年的政策情景》表明，塑料垃圾在过去 10 年间翻了一番，如果全球不采取激进行动来抑制需求、延长产品寿命、改善废物管理和可回收性，塑料污染将随

----

① 尽管全球在努力控制碳排放、减少塑料垃圾污染，但全球由石化产品支撑的塑料垃圾仍达到创纪录数据。2021 年，全球共产生 1.39 亿吨一次性塑料垃圾，较 2019 年增加了 600 万吨。

着人口增长和收入提高而快速上升，到 2060 年约 2/3 的塑料垃圾将来自包装、低成本产品和纺织品等短期产品。

当前，每年产生的数亿吨塑料垃圾已经降解成微塑料（是指直径在 5 毫米以下的塑料碎片，纳米塑料则更小，直径小于 0.001 毫米，这些细小颗粒物会在野生动物身上引发炎症、癌症和生育问题），遍布全球所有海洋、陆地、人和动物体内，甚至高海拔空气中，塑料污染已成为破坏环境并可能导致生物多样性崩溃的重大威胁。到 2060 年，全球塑料垃圾有大约一半将最终进入露天或裸露的垃圾填埋场，20% 被焚烧，只有 17% 得到回收。预计有 15% 的废旧塑料将对垃圾填埋场及周边地区的自然环境构成威胁。虽然这一数字较目前的 22% 有所下降，但仍然处于很高的水平。届时，全球范围向环境中释放的塑料预计将翻番，达到每年 4400 万吨，湖泊、河流和海洋将受到塑料的严重污染。联合国于 2022 年 3 月启动了针对塑料污染的全球谈判，联合国成员国已承诺，到 2024 年谈判并出台一项具有法律约束力的国际协议，以结束塑料污染。

（一）从"白色污染"到漂浮的垃圾岛

"白色污染"是指由大量废弃塑料垃圾尤其是废弃塑料袋所造成的污染。随着全球塑料消费量增加，加之垃圾收集、回收管理和环保意识无法跟上步伐，各种塑料瓶、塑料包装袋、餐盒等被随意丢弃。40% 用过的塑料最终被填埋或作为公共场所的废物。以塑料袋为代表的白色污染物，回收价值低且结构稳定，不易被微生物降解，一旦没有被妥善回收，将在陆地、海洋生态环境中永久存在，并不断积累，且对动植物造成极大危害。根据澳大利亚明德鲁基金会2021年5月发布的塑料垃圾制造者指数，中国每年人均制造的一次性塑料垃圾明显少于澳大利亚（59千克）、美国（53千克）和韩国（44千克）等国家，中国排在第45位（18千克），德国排在第35位（22千克）。OECD预计，发达国家2060年的人均年塑料垃圾将达到238千克，是其他地区平均水平（77千克）的3倍。

事实上，堆积在陆地上的废弃袋子、杯子、纤维和其他形式的塑料垃圾数量更多，对生活在地表以下的大量物种造成严重影响，"简单粗暴"的掩埋处理，对土壤群落和陆地生态系统中的生物地球化学循环产生不利影响。同时，伴随着人类经济活动的增加，海岸线正在被塑料垃圾吞噬，海面上漂浮的80%以上的垃圾是塑料，主要为聚苯乙烯泡沫、塑料袋和塑料瓶。2018年，科学家在海平面以下1万多米的马里亚纳海沟的底部海床发现了塑料袋。全球深海中约有1400万吨微塑料垃圾（直径小于5毫米的塑料碎片），微塑料碎片是由大的塑料物品分解而成的小塑料碎片，主要是由塑料制品分解而来的。根据联合国的统计数据，每年估计有至少800万吨的塑料制品被排放或抛弃到海洋中，相当于平均每秒钟就有一卡车的塑料垃圾被倒入海中，但实际可能达到1100万吨[1]。如果按照这样的趋势，到2040年，污染海洋的塑料垃圾量将增加到每

---

① 郑彬等．加强塑料污染治理，共同守护海洋生态［N］．人民日报，2020-10-28（14）．

年 2900 万吨，相当于全世界每 1 米海岸线将有 50 千克的塑料垃圾。阻止大量塑料进入河道和海洋已成为一个重大的全球性挑战。

"垃圾岛"是全球海洋的"毒瘤"，而且面积越来越大，在太平洋垃圾带漂浮的微塑料面积甚至达上百万平方千米。全球有 5 座"垃圾岛"，最大的约为 160 万平方千米，3 倍于法国的本土面积，这些"垃圾岛"大多由塑料垃圾组成，对海洋生物和人类经济社会危害巨大[①]。其中美国海洋学家查尔斯·摩尔于 1997 年发现的"大太平洋垃圾带"由北太平洋过去 60 年塑料垃圾累积而成。其余 4 座分别位于北大西洋、印度洋、南太平洋和南大西洋[②]。塑料垃圾通过洋流作用，被巨大的海洋漩涡吸引到一起，积少成多，再经过太阳照射降解，形成了 5 毫米左右的微塑料，这些微塑料一边吸附海藻等海洋生物进行光合作用，吸引鱼类和海鸟捕食，一边释放出大量 BPA[③] 和 DOP（邻苯二甲酸二辛酯，一种增塑剂）等致癌物质，将进一步导致生物多样性减少。这些被分解的有毒微塑料经常被鱼类和海鸟当成食物，而垃圾中的毒素又通过食物链传递给人类。

---

① 刘畅."垃圾岛"日益成为海洋毒瘤［N］.参考消息，2020-08-24（7）.

② Kara Lavender Law, The United States' contribution of plastic waste to land and ocean. Science Process, Oct 30, 2020, https://www.science.org/doi/10.1126/sciadv.abd0288.

③ BPA 也称双酚 A，20 世纪 60 年代以来就被用于制造塑料（奶）瓶、幼儿用的吸口杯、食品和饮料（奶粉）罐内侧涂层，全球每年生产 2700 万吨含有 BPA 的塑料。BPA 会导致内分泌失调，威胁着胎儿和儿童的健康。欧盟认为含双酚 A 的奶瓶会诱发性早熟，从 2011 年 3 月 2 日起，禁止生产含 BPA 的婴儿奶瓶。

（二）危害比想象的要严峻

塑料垃圾进入海洋会被分解成微型碎片，然后被浮游生物摄入，缓慢分解后会释放出有毒物质，并最终对海洋生态链乃至人类健康带来威胁。每年有 100 万只海鸟和 10 万只海洋哺乳动物因此丧生①。尽管大部分塑料袋和塑料瓶在环境中得以降解，但一些不可生物降解的碎片或微塑料仍存留在环境中，最终被动物和人通过进食、饮用或呼吸摄入。

1. 塑料垃圾处理依然是很麻烦的

对废旧塑料的处理方法有填埋、焚烧、再生造粒和热解等方法。填埋处理隐患和危害比较大，增加土地资源的使用压力，难降解的塑料严重妨碍地下水渗透，塑料中的添加剂造成土地的二次污染。焚烧塑料垃圾，在有些地方代替了烧煤或石油之类产生污染的燃料，但焚烧塑料会产生有毒有害气体。再生造粒是物理性回收利用塑料垃圾的方法，大多数可回收的塑料经机械加工分解成颗粒，然后重新制造成新的塑料产品，如包装材料、座椅或衣物。然而，再生造粒方法也有局限性，该工艺不适用于塑料薄膜、小袋和其他层压塑料，通常这些材料会被送到垃圾填埋场或进行焚烧。废旧塑料热解法，是指利用固体废物中有机物的热不

① 郑彬等．加强塑料污染治理　共同守护海洋生态［N］．人民日报，2020-10-28（14）．

稳定性，将其置于热解反应器内受热分解，可以将废塑料转化为燃料油、天然气、固态燃料等高附加值能源产品。无论是化学方法还是物理方法转换利用，均面临着一个问题，即回收的废旧塑料品种混杂，不易鉴别分类，另外很不干净（如一次性饭盒），清洗非常困难，回收成本很高，分拣是决定材料复用经济性的重要因素。目前分拣技术发展很快，很多自动化分拣线已经投入使用，能够非常准确地对不同种类的材料进行分拣处理。塑料垃圾处理最终将是市场经济在全球配置资源的结果。

2. 塑料污染危害仍将持续扩大

欧洲环境署对欧洲地区 148 万平方千米的海域环境质量进行评估后发现，118 万平方千米海域存在不同程度的污染问题，其中塑料垃圾占海洋垃圾总量的近 90%。地中海 16% 的海面面积微塑料含量超出安全标准，如果污染不能得到有效控制，到 2100 年，地中海 69% 的区域将不再适于海洋生物的生存。随着人口和经济增长，非洲对塑料产品消费以及塑料包装需求激增，导致大量塑料垃圾的产生。尤其在非洲沿海地区，塑料垃圾造成了日益严重的渔业和生态危机。在加勒比海东北部，每平方千米海域的塑料多达 20 万件。东南亚地区塑料制品的浪费和污染问题加重，在马来西亚、泰国和菲律宾，一次性塑料回收利用率低，超过 75% 的可回收塑料最终被填埋或进入海洋，直接影响了旅游、渔业等相关产业。

3. 塑料颗粒对人类身体产生危害

2022 年 5 月，科学家首次在人类血液和活体肺组织中发现塑料微粒。科学家发现人类血液里所有塑料颗粒总浓度的平均值为每毫升血液样本含塑料颗粒总数 1.6 微克。而针对活体肺组织的研究显示在人体肺部所有区域都发现了塑料微粒，在样本中发现的聚对苯二甲酸乙二醇酯（PET），常常用来制造塑料瓶。事实上，在肺组织中发现少量塑料微粒和纤维并不奇怪，室内空气原本就含有高浓度的塑料微粒。肺部含有高浓度的塑料微粒就可能引发炎症、哮喘症状和组织损伤，消化道内的塑料微粒会改变肠道菌群。

4. 在南极洲首次发现塑料微粒

塑料微粒已被证明存在于南大洋和南极洲。新西兰的研究人员在南极洲的最新科考首次发现在南极洲雪中存在塑料微粒，意味着人类的污染已扩散到地球上最偏远、最原始的地区，这些微粒含有 13 种塑料成分，包括最常见的用于制造饮料瓶和衣服的 PET（聚对苯二甲酸乙二醇酯）[1]。塑料微粒除了在雪中，也有可能飘浮在空气里，从而加速冰雪的融化，进一步加剧气候变化。此外，塑料微粒还会阻碍生物的生长、繁殖和其他功能，对人类造成潜在的负面效应。

---

[1] Debbie White, Plastic pollution spreads to "pristine" Antarctica, The Times, June 8, 2022, https：//www. thetimes. co. uk/article/plastic – pollution – spreads – to – pristine – antarctica-q0kqrhk99.

（三）快递、外卖行业和疫情带来新的问题

随着快递、外卖等行业迅猛发展，过度包装给全球塑料垃圾污染治理带来新的挑战。美国快递技术公司必能宝（Pitney Bowes）2020 年 10 月公布的涵盖中国、美国、日本、德国和印度等 13 个评估对象、38 亿人口的全球快递包裹指数显示，2019 年，全球快递包裹数量创造新的纪录——1000 亿个，日本人以平均每年接收 72 个包裹成为"包裹世界冠军"，中国则是包裹接收总数最多的国家，德国年人均接收包裹量与中国、美国相当，都是 44 个，英国年人均接受包裹量为 57 个。2021 年，中国快递服务企业累计完成 1083 亿件，比 2019 年（635.2 亿件）增长 70.5%。到 2025 年，全球包裹的数量可能会增加 1 倍以上，到 2026 年，预计将达到 2200 亿~2620 亿个，极端条件下将可能达到 3160 亿个。如何改变"快递"模式下的包裹废品已成为禁塑的重要环节。

为减少快递包装产生的塑料垃圾，韩国一些物流公司开始实施无塑料包装，用网格防震纸代替气泡塑料膜、箱子空隙部分使用再生纸制作的膨胀材料填充、用纸质胶带代替塑料胶带。电商企业推出可重复使用的环保包装箱，顾客在网上订购时可选择使用环保包装箱。网购生鲜品需要大量用来降温的冰袋，但这种冰袋大部分填充了属于微型塑料的高吸水性树脂，这种材料很难自然分解且不易焚烧，仅韩国 2020 年的冰袋使用量就超过 3 亿个，此外还有医用冰袋等。要积极开展冰袋回收活动，设立冰袋回收设施，回收后的冰袋经清理、消毒和干燥后，可再次使用，免费发

放给居民以及餐厅和摊贩主等中小商户。外包装为生物降解树脂、内部用水填充的环保冰袋也将成为选择，这种冰袋外包装可反复使用，在土壤中 3 个月左右就能自然降解。

新型冠状病毒感染期间，随着个人防护用品的使用量增加和在线消费的快速发展，塑料污染激增。一项发表在美国《国家科学院学报》中的研究成果表明，截至 2021 年 11 月，193 个国家产生了约 800 万吨与新型冠状病毒感染有关的塑料垃圾，其中约 2.6 万吨已进入海洋，有可能影响海洋生物并进一步污染海滩。荷兰科学家的跟踪研究显示，印度等国家一次性防护用品使用率较高以及垃圾处理水平较低，受新型冠状病毒感染影响严重的北美和欧洲发达经济体产生的与疫情有关的塑料垃圾相对较少。大量塑料垃圾通过河流进入海洋。受疫情相关塑料污染最严重的河流都在亚洲，包括汇入波斯湾的阿拉伯河和汇入阿拉伯海的印度河。排入海洋塑料的主要形式是医疗垃圾，占此类污染的 70% 以上。

（四）推进循环处置、抓住替代变革

废塑料处置方式有物理回收、化学回收、填埋和焚烧四种。除出口部分外，各国进行物理回收、化学回收、填埋和焚烧的规模都有所差异，填埋是一种不彻底的处置方式，焚烧对环境影响较大。全球废塑料的收集率和再生率一直处于较低水平，2021 年全球塑料回收率为 17.8%（2019 年仅为 9%）。在塑料废弃物方面，须选择 4R 原则，即减量（Reduce）、循环（Recycle）、重复使用（Reuse）和替代（Replace），并致力于回收再生循环体系建设，如

"塑料中和"项目，即使用一吨塑料包装，就需第三方公司回收一吨塑料废弃物。

全球大部分使用过的塑料包装材料的潜在回收价值都被浪费了，合计每年 800 亿~1200 亿美元，只有 14% 使用过的塑料包装被回收再利用，全球每年消费的 PET 水瓶大约有 1000 亿个，只有 30% 得到回收利用，而经过加工处理的 PET 是极具价值的再生资源。人类只有采用改进废物收集工作（特别是在发展中国家）、回收更多废物以及投资替代材料和更好的产品设计等更严格的措施才能减少塑料使用量，这些措施需要在未来 10 年投资 3000 亿美元，但能带来约 1500 亿美元的效益，并创造约 100 万个就业岗位，而如果延续效率低下的处置模式，到 2040 年将造成 7000 亿~8000 亿美元的损失。同时还有其他的一些办法，如意大利威尼斯为减少塑料用品的使用，鼓励游客自带可重复使用水瓶，全市 126 个喷泉可以为游客和市民提供免费饮用水，这样能够减少使用塑料瓶。

1. 日本：塑料替代和无纸化并行推进

日本人均塑料垃圾生成量仅次于美国，居全球第二位。从 2020 年 7 月 1 日起，日本全国零售行业有偿向消费者提供塑料袋，纸袋、布袋、不带提手的塑料袋等除外，厚度达到 50 微米能够重复使用、100% 采用"海洋中可降解塑料"制作、生物质材料含量 25% 以上的塑料袋等不在收费范围内，生产饮料等产品的企业将更多使用金属罐，以替代塑料包装。推动改变"大量生产、大量消费"的生活方式①。"限塑令"实行后，嗅觉灵敏的企业瞄准市场契机，纸制品生产商日本大昭和纸工业产业株式会社认为日本进入了"大纸袋时代"，将开发更多环保、高品质、设计感强的纸袋。更多的企业则改用可降解塑料袋并免费提供给客户，开发可食用托盘、纸质吸管等。日本企业积极抓住"去塑料"带来的商机，开发可以替代塑料的纸产品，雀巢（日本）公司开发能进一步提高耐油性和耐水性的纸质手提袋。日本造纸企业大力开发塑料替代品的一个背景在于日本无纸化不断发展，印刷方面的纸张需求不断减少②，根据日本制纸联合会统计，包括黄板纸在内的纸张需求 10 多年来减少 20%，特别是复印纸等纸张需求减幅较大，20 年内减少 30% 以上③。

2. 中国：高度重视，持续推进禁塑

2008 年 6 月，中国就开始明令推动"限塑"，通过提高使用成本的方式减少塑料制品使用量。在 2018 年禁止塑料垃圾进口之前，全球可回收废弃塑料的一半都进口到中国。2019 年，中国 6300 万吨塑料垃圾中，30% 被回收利用，32% 被填埋，31% 被焚

---

① 刘军国. 日本企业限塑中寻商机［N］. 人民日报，2020-07-29（17）.

② "无纸化"将可能成为长远趋势，2018 年阿拉伯联合酋长国启动"迪拜无纸化战略"，旨在对政府机构进行数字化转型。2021 年 12 月，阿拉伯联合酋长国的迪拜政府已完成其数字化转型战略，成为世界上第一个"无纸化"政府。实行无纸化办公后，迪拜政府 45 个政府机构减少的纸张消耗超过 3.36 亿张，节省了 13 亿阿联酋迪拉姆（约合 3.54 亿美元）。

③ 抓住"去塑料"潮流带来的商机 日企开发纸产品替代塑料［N］. 参考消息，2020-07-04.

烧，还有7%被丢弃。2020年，国家发展改革委、生态环境部发布《关于进一步加强塑料污染治理的意见》，不可降解塑料袋、一次性塑料餐具等塑料制品将逐步减少直至被禁止使用，禁止使用不可降解一次性塑料吸管，禁止生产和销售一次性发泡塑料餐具、一次性塑料棉签等①。2021年，中国产生的废塑料约6200万吨，回收量是1900万吨，占比31%，产生价值约为1050亿元，再生塑料颗粒加工产量是1650万吨，相当于减少了同等数量的石油基塑料生产②。中国不可生物降解的塑料袋从2020年开始逐步禁用，到2025年在全国范围内禁用，酒店必须停止提供免费的一次性塑料制品，快递公司将按要求停止使用不可生物降解的塑料包装。到2025年，中国的塑料垃圾将占全球总量的26%，海南和浙江等地区将会取得率先成效。

3. 中国：禁塑之后的巨大商机

作为全球最大的塑料垃圾制造国，中国减少和取代塑料制品的计划将对供应链产生深远影响，也将产生大量的商机③。2021年，中国主要城市开始禁止使用由非可生物降解塑料制成的塑料水杯、一次性餐具、塑料袋和类似产品，一次性塑料吸管也在全国被禁止使用，其他政策将于2025年跟进。如何实现更好的回收利用和

---

① 寇江泽. 有力有序有效治理塑料污染［N］. 人民日报，2021-01-19（7）.
② 王菡娟. 从全球到中国：塑料生产、消费、废弃、回收利用［N］. 人民政协报，2022-06-23（6）.
③ 汤立斌. 中国最全面禁塑政策影响深远［N］. 参考消息，2020-09-14（15）.

推广可生物降解塑料是解决问题的关键。安徽丰原集团作为生物塑料的先行者，大规模扩大其基于玉米淀粉或甘蔗的新型产品的产能。更多的购物中心、超市或网上杂货店将改用聚乳酸袋子。由于限塑令，中国地方政府将为有机替代品提供大量资助，巨额补贴将会促进中国生物塑料产能大幅扩张和价格走低。

4. 欧盟：循环经济中的塑料战略

欧盟每年产生约 2600 万吨塑料垃圾，其中被回收利用的不足 30%，其他要么出口到亚洲等国家，要么被焚烧或被倒入垃圾填埋场，甚至流入河流和海洋，对环境造成严重污染①。欧盟于 2018 年推出"循环经济中的塑料战略"，其核心是塑料包装产品的循环利用，通过对设计、生产和回收等领域的标准制定，提高塑料制品的循环利用率②。2021 年 7 月，欧盟颁布禁止使用一次性塑料制品行政令，该禁令实施后，塑料制吸管、餐具、棉球棒、盘碟、搅拌器和气球棒以及聚苯乙烯食品包装袋均被列入黑名单。纤维制品、竹制品等生物降解材料成为一次性塑料制品的替代品。法国威立雅环境集团致力于加强塑料废物的处理和回收再利用能力

---

① 汤立斌. 中国最全面禁塑政策影响深远 [N]. 参考消息，2020 - 09 - 14 (15).

② 荷兰是欧洲最早实施垃圾分类的国家，垃圾资源化率和回收率享誉全球，荷兰"循环经济 2050 蓝图"提出，到 2030 年主要原材料使用量减少一半，到 2050 年实现 100% 的循环经济。荷兰拥有 1750 万人口，国土面积仅 4.15 万平方千米，拥有超过 700 家企业从事回收业务，包括 30 多家制造企业，从事塑料回收的有 60 多家，有 30 多家企业从事将垃圾转化为能源的业务，为荷兰提供了约 12% 的可持续能源。

建设，其在德国贝恩堡的两座工厂，每年分别回收数万吨塑料包装，一座工厂对塑料进行回收再利用，另一座工厂则生产 PET（聚对苯二甲酸乙二醇酯）薄片，可用作多种产品的原材料，如瓶子、家用纺织品以及纤维和塑料捆扎带，16 个 1 升的塑料瓶可以加工成一件毛衣。除"机械回收"外，欧洲兴起了"化学回收"，2018 年，巴斯夫启动了"化学循环"项目，旨在将塑料废弃物转化为"热解油"，而热解油可用于生产新的聚合物，节省了化石燃料资源。欧盟"地平线 2020"项目投资 2.5 亿欧元，用于资助塑料替代品的研究和开发。其中纤维素作为一种生物复合增强材料，具有替代塑料的巨大潜力。欧盟自 2030 年 1 月起将实现所有塑料包装制品的可回收和循环利用。

欧洲塑料垃圾回收的两种模式

√ 德国模式。根据德国垃圾回收业的计算，从堆积如山的塑料垃圾里每分拣出 1 吨可回收塑料制品，成本在 60~80 欧元。从 2003 年起，德国成为欧洲首个实行塑料瓶回收押金制的国家，居民购买水、饮料时，商品价格里自动包含 0.25 欧元的瓶子押金，归还瓶子后才能拿回。

√ 瑞士模式。瑞士建立的塑料瓶回收点已超过 5.3 万个，82% 的塑料瓶都能得到有效的回收利用。

5. 从免费到收费依然是有效措施

近些年，东南亚国家加紧应对塑料制品浪费和污染问题。新加坡政府 2021 年 4 月就对消费者征收一次性塑料袋使用费用问题，向超市等利益相关方征求意见，以决定具体收费模式。方案包括：按塑料袋个数收费和从第三个塑料袋开始收费等，每个塑料袋收费新元 5 分或 1 角（1 美元约合 1.3 新元），或是按每次购物 2 角收取，塑料袋收费所得将用于支持绿色环保项目。泰国、菲律宾和马来西亚实施与回收利用塑料制品相关的政策，部分品牌和零售商表示，将在 2025 年实现全部塑料包装可重复使用。泰国从 2020 年起，所有商场、便利店不再提供免费塑料袋，并在 2027 年前将塑料制品的回收利用率提高到 100%。在菲律宾，政府有关部门制定《海洋废弃物国家行动计划》，以期在 2022 年实现塑料制品回收利用率达到 80% 的目标。2018 年，智利实施了"再见塑料袋"的法规，任何商店不得向顾客提供塑料袋，智利成为拉丁美洲首个禁止商店提供塑料袋的国家，在全面"禁塑"前有两年缓冲期，如果商店以不当方式提供塑料袋，将被处以每个塑料袋最高 330 美元的罚款。

（五）新塑料经济：重塑未来

2016 年 1 月，达沃斯世界经济论坛上发布了题为《新塑料经济——重新思考塑料的未来》的报告，第一次提出建立塑料循环经济的愿景，目的在于运用循环经济的原理，让塑料永远不会变为废料。2018 年 10 月，艾伦·麦克阿瑟基金与联合国环境规划署共同发起"新塑料经济全球承诺"行动倡议，包括包装消费品公司、零售商、塑料包装生产商、政府机构在内的 850 多个组织参与签订，通过设立行动目标，将塑料循环经济的愿景向现实推进①。建立新的经济模式需要多方的广泛参与和通力合作，制定公共采购、生产者责任、公众教育以及财政奖惩等一系列政策措施，支持塑料垃圾回收与再生资源企业发展壮大，拓展关联领域就业机会。2022 年 12 月，全球近 200 个国家在乌拉圭的埃斯特角城召开会议，以推进制定关于对抗塑料污染的首个全球公约。

塑料包装产业须从当前的线性经济模式转向高效和节约资源的循环经济模式，全球塑料包装低效循环的环境成本约为 400 亿美元，塑料包装材料的价值约有 95% 因一次性使用而浪费，每年造成 800 亿~1200 亿美元的直接经济损失。实行塑料包装循环经济，从源头减少 1 吨原生塑料的使用，可达到减排 3.5 吨二氧化碳，而每使用 1 吨再生塑料，可减少 1~3 吨的碳排放。如能全面采用循环经济模式，预计到 2040 年可避免 80% 的塑料进入海洋，同时与当前线性模式相比，每年可减少全球 25% 的温室气体排放。2021 年欧洲塑料垃圾总量为 3560 万吨，塑料回收量为 820 万吨，整体塑料回收率达到 23%②。根据欧盟的规划，到 2035 年，55%

---

① 尚凯元. 持续推进"新塑料经济"［N］. 人民日报，2020-07-15（17）.
② 李强. 德国杜塞尔多夫塑料展聚焦循环经济［N］. 人民日报，2022-11-01（17）.

的塑料包装要实现可回收利用，塑料回收机械将成为行业投资热点。

1. 新塑料经济的关键在于"创新"

2016 年，日本一家回收工厂发现一种细菌可以消化塑料，科学家对其进行改良，制造出一种"超级酶"，与挖掘化石燃料并运送到世界各地相比，用这种酶单体制造一个塑料瓶，可以节约70% 的能源，具有极大的商业利用价值[①]。2018 年底，雀巢公司成立了包装科学研究院，重点研究可回收、可生物降解或可堆肥的聚合物、功能纸，以及提高塑料包装可回收性的新技术。在英国伦敦，初创公司 CupClub 利用电子标签技术设计出了杯具循环系统，通过在城市设立回收点，让人们可以像租用共享单车一样使用可重复清洗的杯子，并与麦当劳和星巴克合作。微软公司利用回收的海洋塑料垃圾制作了鼠标，苹果公司的 iPhone 和 iPad 都含有回收材料，亚马逊公司的 Echo 智能音箱的显示屏同样是用回收塑料制造的。美国加州大学伯克利分校科学家在塑料中加入微型含酶胶囊，这种塑料可以加工、加热和拉伸成为有用的物品，被废弃后，只需在温水中浸泡 1 周左右，其中所含的酶就会被释放出来，将塑料"消化"成小分子。

---

① Tom Whipple, Scientists create plastic-munching enzyme to clean up mankind's mess, The Times, Sep 29, 2020, https：//www. thetimes. co. uk/article/scientists-create-plastic-munching-enzyme-to-clean-up-mankinds-mess-q8s0mvqkq.

2. 利用基因改造塑料

全世界每分钟大约卖出 100 万个塑料瓶，在使用一次后，塑料作为一种材料的价值就会下降约 95%，即便是回收利用的瓶子也只能被制成不透明的纤维，用于制造服装或地毯。鼓励更好地收集和利用塑料废弃物是解决全球塑料污染问题的关键。英国爱丁堡大学的科学家利用基因改造细菌将塑料瓶升级转化为香草香精，科学家让细菌培养基在 24 小时内保持 37℃，与酿造啤酒条件相同，其过程是将用于制造饮料瓶的聚对苯二甲酸乙二酯聚合物分解成对苯二甲酸，再将约 80% 的对苯二甲酸转化成更有价值的香兰素。对苯二甲酸还可以转化为其他有价值的分子，比如一些用于生产香水的分子。香兰素广泛用于食品和化妆品行业，是生产药品、清洁用品和除草剂的重要大宗化学品，目前，约 85% 的香兰素是用从化石燃料中提取的化学物质合成的。2020 年全球对香兰素的需求量为 3 万吨以上，远超天然香荚兰豆的供应量，到 2030 年市场销售量将达到 6 亿美元。

3. 全生物降解塑料制品将成为主要替代品

与此同时，以往试图通过生物降解塑料（即生物降解）主要聚焦微生物，即寻找一些能够分解塑料的微生物，但需要进行预处理，且实用性并不理想。西班牙分子生物学家通过合成蜡虫的唾液酶来分解塑料垃圾，这种方案能够在可控环境下降解塑料，限制乃至最终完全消除微塑料的释放，但在代谢聚乙烯的过程中会产生二氧化碳。全生物降解塑料制品将成为传统塑料制品的主要替代品，这种制品主要原料为淀粉等可降解原料，其性能与市面上的塑料制品并无差别。可降解塑料是将来塑料产业的发展方向，禁止传统塑料袋使用，保障替代品供给是关键，因此要建立全生物降解塑料产业示范基地，尽早形成全生物降解塑料制品的生产能力。

4. 塑料的混凝土替代效用

塑料有可能在未来代替混凝土，而这将是改变建筑行业的材料革命。麻省理工学院的化学工程师创造了一种新型硬塑料材料，比钢更坚固，像塑料一样轻[1]。塑料是通过聚合制成的，是线性材料，对于建筑等用途而言，刚性不足，这种新材料是通过新的聚合工艺（沿 Y 轴和 X 轴两个方向进行分子聚合）制成的，可以进行大批量生产，使用范围小到手机和汽车的小部件，大到建筑领域。用塑料结构代替混凝土和钢材，污染更少、重量更轻，更具延展性，更易于修复和更换。能够替代混凝土的塑料将极大减少建筑行业二氧化碳排放量，也有助于优化建筑的空间使用，如缩小墙体厚度对空间的占用。

5. 禁塑并不代表不使用塑料

塑料的使用已深入人类生活的方方面面，未来塑料在很多领域

---

[1] 廉海东. 塑料代替混凝土将带来建筑革命［N］. 参考消息, 2022-03-08.

仍将发挥重要的作用。在医院，如果没有塑料将会产生毁灭性的影响，手套、导管、注射器、血袋、采样管等都离不开塑料，一次扁桃体切除手术就会产生100多件塑料垃圾；人类使用塑料包装来保护食品在运输过程中免受损坏，更换塑料包装对环境将产生连锁反应，玻璃虽然比塑料具有一些优势，但一个1升的玻璃瓶重达800克，而一个同等容量的塑料瓶仅有40克，过重的玻璃瓶会导致长途运输过程中碳排放量的增加。在广泛使用合成塑料之前，鞋子通常是用皮革制成的，但全球人口持续增长，鞋子的数量也更多，2021年全球共生产220亿双鞋，不可能让每个人都穿皮鞋。从长远来看，必须改变消费方式和生产方式，改变"抛弃文化"，更多的重复使用和再利用。

6. "以竹代塑"：一个新的方案

竹子在减少塑料污染、代替塑料产品方面优势和作用突出。竹子生长期短，竹产品可以百分之百降解，是代替塑料产品的上好材料。一根竹子3~5年即可成材，一般的速生用材林，成材则要10~15年，而且竹子可一次造林成功，年年择伐，保护得好，可以永续利用。作为绿色、低碳、可降解的生物质材料，竹子在包装、建材等多个领域可直接替代部分不可生物降解的塑料制品。"以竹代塑"，将提高绿色竹产品的使用比例，减少塑料污染。在中国，企业利用竹资源生产种类多样、制作精良的产品，例如竹塑托盘、竹制餐具、竹玩具、竹家具、竹制马桶圈、电子秤面板、砧板，开展多元化"以竹代塑"。在日用品领域，竹制餐具等逐渐受到消费者青睐；在建筑领域，含竹量达 80% 的竹塑型材成为新型装饰材料，竹缠绕复合管被广泛应用于水利、交通、住宅等建设工程中①。

---

① 顾春等．"以竹代塑"潜力大［N］．人民日报，2023-01-13（13）．

城市：

人类的美好家园

城市是人类文明发展的结晶，也是人们居住生活工作的重要空间载体，城市的形成和发展是人类生产力水平不断提高、人口规模不断增大的双重叠加。在非洲—亚欧大陆区域，第一批城市出现在公元前 3000 年左右，在美洲，第一批城市出现在中美洲和秘鲁，但时间要比非洲—亚欧大陆区域晚 2000 多年，在大洋洲，城市在整个农耕时代都没有出现，但在太平洋地区，在距今 1000 年左右，国家的萌芽在一些海岛（如汤加和夏威夷）出现了①。城市出现的首要原因是不断增加的人口密度，最早一批城市正是出现在人口密集的区域，人口的急剧增长往往是由灌溉农业的迅速扩张带来的。农耕时代，大多数人劳动、生活在乡村，在 1500 年，全球人口超 10 万的城市只有约 50 个，且还没有居民人口超过 100 万的城市②。在 1800 年，全世界只有 3% 的人口生活在城镇，到 1900 年，这一比例提高到 15%，到 2021 年达到 56%，到 2050 年预计将达到 68%。2000 年，全球人口超 10 万的城市达到了数千个，约 411 个城市居民人口超过 100 万，其中 41 个城市人口超过

---

① ［美］大卫·克里斯蒂安. 极简人类史：从宇宙大爆炸到 21 世纪［M］. 王睿译，中信出版集团，2016.

② 对于世界上第一个人口超百万的城市，一直以来都存在较多争论，有人认为是中国六朝时期的南京，更多的则倾向于唐朝的长安。总体来看，唐代长安城的人口在安史之乱前后至黄巢起义之前保持达百万的人口应当是一个历史现实。资料来源：张天虹. 再论唐代长安人口的数量问题［J］. 唐都学刊，2008（3）.

500 万。到 2020 年，全球人口超千万的城市已达到 33 个①。同时，2010 年，全球有 36 亿人居住在城市，到 2050 年将达到 63 亿，相当于每个星期有 140 万人流向城市。

世界上最大、发展最快的城市中心并不位于西方，而是在亚洲、非洲和拉丁美洲。目前世界最大的五座城市是东京、德里、上海、圣保罗和墨西哥城。1900 年的前五大城市——伦敦、纽约、巴黎、柏林和芝加哥现在甚至没有进入前十。不断推进的城市化同样出现在中东和北非地区，该地区拥有三个人口超过 1000 万的特大城市：开罗、德黑兰和伊斯坦布尔。巴格达预计到 2030 年将成为特大城市，利雅得也将很快成为特大城市。

城市继续发展的背后还有一个现实的问题，就是传统农业生活尤其是小型农户无法与大型机械化生产的农场或工业化程度较高的国家的商业化农户竞争。日本推进的"无人农业"将是提升农业竞争力的重大战略，而这一切的背后就是农业农村对于人口的吸附力和凝聚力较难达到期望的程度。"75：25"一直以来是我所认为的未来适合于中国城乡发展的比例结构，城乡之间本身就是一种供给—需求、供养—反哺的关系，只有当两者之间形成一定稳定态的时候，城市的发展才更有基础，乡村的振兴才更有希望。

大城市依然是全球经济增长的主导动力源，麦肯锡全球研究院

---

① 韩国首尔、日本名古屋、英国伦敦、中国成都和伊朗德黑兰人口超过了 900 万，但如果按照中国的统计，2022 年成都市常住人口已达到 2119.2 万人，郑州、西安的常住人口在 2018 年均超过了千万。因此如果不考虑城市化质量的前提下，全球超千万人口的城市将会更多。

对超过 178 个国家的研究发现，21 世纪前 20 年，全球产出增长中一半来自占全球陆地不到 1% 的地区。城市地区在推动经济增长方面日趋占据主导地位，这反映了"越来越专业化和聚集性带来的经济利益"，聚集活动反过来又"提高"贸易和交流的"效率"。经济增长在地理上是分散的，贡献最大的城市分布在各个大陆的 130 个国家，较贫穷国家的最繁荣地区与发达经济体的城市之间的共同点往往比它们与附近城市的共同点还多①。新型冠状病毒感染后，某些产业转向远程和混合形式办公是否会减少城市空间聚集，从而可能缩小核心地区与周边地区的差距，这一趋势还有待验证，但城市外围地区的扩张将可能是一个很强的趋势。

一、如何界定新的城市化

新型冠状病毒感染导致了人们对城市化、城市建设模式和人口密度等问题的重新思考和重新定义，例如城市究竟要达到什么程度？超大型城市是否就是好的？其绝对主导地位是否会动摇？总体来看，小型城市化更易于管控。近年来，全球城市密度仍在加大，以便应对住房紧张和城市建设"摊大饼"问题，但密集的城市并不合乎所有人的期望，未来人类所需要的将是能够提供高品质生活的城市。

---

① Valentina Romey，Big cities drive half of the global economic growth. Financial Times，Dec 8，2022，https：//www.ft.com/content/24dbcc0f-7974-48d7-9824-ab86b58a3a29.

（一）城市新变化：在集聚中释放

交通和通信领域的创新将改变城市生活的关联模式和连通方式，城市生活方式将发生新的变化，一是更多的移动出行方式将影响城市空间规划和交通布局，更多的绿色出行尤其是新能源汽车的快速发展将推动城市交通体系的转变；二是私家车出行将与共享交通（尤其是共享电单车、共享自行车）争夺更多的公共空间；三是城市商业模式将发生转型，电子商务、互联网经济得到更大规模的发展，传统商店将成为产品展示场所，全新的近距离商业、临时"弹出式"商业将得到发展，尤其是元宇宙在城市商业模式中的应用；四是人们将重新审视居住条件，城市人口密度过高被认为易于疫情传播，但关键在于住宅的过度占用和居住条件不足的问题。

疫情流行对城市并不友好，尤其是对密集度更高的超大城市。在这种情况下，发展紧凑型或松散型城市，究竟哪个更适宜人类的未来？事实上，紧凑型模式最大的特征是密集程度高，人口密度高的优势在于有条件集中提供公共基础设施和服务，包括交通、住房、卫生设施以及便利设施和各种服务，如购物中心、公园、文化设施、体育场地等，尽管高密度程度可能导致病毒传播的加速，而这样的城市往往拥有更强的危机应对能力。但必须考虑改善城市空间设计，例如扩大开放空间以减少城市公园的流量、在建筑设计中容纳更多开放空间等，促进城市空间向所有人开放，提高城市交通频率以减少人群聚集，提倡低成本、自然通风的住房等。人们日常生活绕不开的六大社会功能（体面的居住条件、从事体面的生产工作、获得医疗服务、保障供应、学习和发展），如果在一定空间范围和时间范围内将这些社会功能集合起来，则会增加居民的幸福感。法国"15 分钟之城"和中国"15 分钟生活圈"，将有助于确保社区居民在不使用汽车出行的情况下，在 15 分钟内抵达各类服务、休闲和工作场所。

城市交通运输将呈现"去出行化"新变化，即在社区功能不断完善、在线经济更加成熟的情况下，将促使人们减少出行。西班牙巴塞罗那在原有基础上打造"超级街区"，让街道从"为了通勤"向"为了生活"转变，打破了工作与居住空间的分割，建设多样平衡的复合街区，实现居住、工作和服务功能的协调。在巴塞罗那的"超级街区"，大货车和非居民私人车辆禁止入内，私家车、救护车限速每小时 10 千米以下。街区内部尽可能缩减机动车道和停车位，并建造地下停车场，将地上空间改造为绿地等公共活动区。"超级街区"所在区域车流量减少了 13%，释放了 70% 被机动车占据的空间，让居民在社区内步行更加方便、安全。

（二）打造更有韧性的城市

历史上，每一次重大公共卫生事件都会推动城市规划和建筑设计理念、标准和规范的更新迭代，由此推动城市面貌的改观和健康发展。17 世纪欧洲鼠疫大暴发之后，伦敦在进行城市重建时，采用宽阔的街道和富余的空间取代易于造成鼠疫和火灾的拥挤的建筑和弯曲的小道。18 世纪下半叶，通过街道的铺砌以及人行道的创建而实现消毒问题。19 世纪，法国进行了以公共卫生、安全，以及城市美观作为基本原则的城市改造工程①。

1. 健康城市和智慧治理

分布式、小而互联、混合功能将成为城市空间布局的新趋势，社区作为城市和家庭的中间地带，不论是从防疫、生活，还是从创新转化角度来看，其重要性都在提升，拥有健康社区才能构成健康城市。打造更具韧性的城市需要有顶层设计，在城市规划和设计时综合考虑各种风险因素，需要软硬件的共同配合。5G 时代，大数据、人工智能、物联网等新技术将使城市变得更加"聪明"，灵敏的神经元、强大的数据引擎将赋能城市精细化治理。未来可以通过一系列定式化"人工智能赋能、设计驱动"的软硬件配置，为城市注入"疫苗"，增强城市应对各种危机的"免疫力"②。如何将人工智能、区块链、大数据等新技术融入城市规划、建筑设计理念，值得规划设计者深思。

2. 耐热城市

气候变暖暂时不会消退，人类唯有适应。目前，城市输出了全球碳排放总量的 70% 以上，而城市人口密度高、基础设施广泛分

---

① 卫嘉. 新冠疫情让人们重新定义城市化［N］. 参考消息，2020 - 04 - 30（12）.

② 许琦敏. 技术赋能"免疫力"，未来城市将更具韧性［N］. 文汇报，2020 - 04 - 16（3）.

布，极易受气候变化影响。威利斯·开利在 1906 年研制出可以控制温度和湿度的空气调节器，并在 1928 年制造出第一代家用空调，新加坡国父李光耀甚至认为，空调的出现让热带的发展成为可能，改变了文明的本质。但在不断攀升的高温下，建设更加耐热的城市恐怕是未来发展方向①。瑞士的一项研究表明，城市与农村之间的温差达到 6℃，城市受到"热岛效应"影响，深色的道路、地面和屋顶导致温度升高，而植树、建造湖泊、建筑表层涂白、用绿植覆盖建筑等有助于减少"热岛效应"。大部分欧洲城市从 2000 年以来持续的热浪中吸取了教训。2016 年伦敦市长萨迪克·汗推出新的建筑指南，例如朝向、遮阳和绿色屋顶及墙壁等，来减少夏天进入建筑内的热量。很多城市的规划建设参照德国的斯图加特，新建筑按十字交叉避免挡住能形成凉爽穿堂风的自然通道，这相当于 100% 的天然空调。牛津大学的研究发现，如果建筑物屋顶颜色更浅、反射能力更强，可以使白天的室内温度降低多达 3℃。大约 40% 的城市表面被沥青等传统路面覆盖，夏季最高温度可达 65℃，减缓措施之一是使用较浅颜色的涂料来创造更多的反射表面，洛杉矶的一项试验表明，将沥青路面涂成白色后，在涂漆路面区域记录到的温度降低了 5℃。欧洲大城市受到纽约、

---

① 2022 年 7 月，世界气象组织提出，人类活动对大气层注入的二氧化碳，使得气候恶化的趋势将至少持续到 2060 年，由于气候变化，类似 2022 年的热浪会变得越来越频繁。

洛杉矶等美国城市的启发①，将屋顶刷成白色以便反射阳光并避免屋顶储存热量。在26℃的白天，屋顶最高45℃。如果是深色屋顶，温度最高能达到80℃。在建筑物的露台或屋顶上打造花园非常有益，可以吸收二氧化碳，缓解阳光照射，不仅有助于降低建筑物内的温度，还能将能耗降低多达20%。同时，在城市屋顶安装的太阳能设备，到2050年之前可以满足城市1/3的电力需求②。印度艾哈迈德巴德在2013年制定了高温行动计划，其中的"冷屋顶"方案利用椰子壳、废纸，以及石灰白涂料等价格低廉的材料，将更多阳光从建筑物上反射出去，进而让居民感到凉爽，虽然这一方案尚未在印度大规模推广，但其成本低廉、宜于普及（1平方米的反光石灰白涂料成本仅为0.54卢比，约合人民币4分5厘），可以适用于城市对抗极端高温和城市热岛效应。预计到2040年前，人类将可以把变色涂层技术应用在建筑物上，在不同季节、不同光照下改变建筑物颜色，能够节省8%用于供暖和制冷的能源。

---

① 2009年，纽约市启动"降温屋顶"运动，已对90多万平方米的屋顶刷上了白色的反光涂层，在夏季最热的一天，白色屋顶比黑色沥青屋顶要低23℃；洛杉矶在道路上刷上白色反光涂层，每英里造价4万美元，初步测量结果显示，这种涂层可以使温度降低5℃。资料来源：Oliver Wainwright, Metropolis meltdown：The urgent steps we need to take to cool our sweltering cities. https：//www.theguardian.com/artanddesign/2022/jul/14/climate-crisis-metropolis-meltdown-urgent-steps-cool-sweltering-cities.

② 根据英国太阳能行业协会统计，为抑制电费上涨带来的负担，安装屋顶光伏板的英国家庭激增，仅2022年上半年，住宅屋顶光伏装机量就超过2021年全年。

3. 3D 打印建筑

3D 打印在建筑效率提升和城市可持续发展方面具有明显优势。近年来，欧洲多国加快探索和发展 3D 打印建筑[①]。荷兰埃因霍温市政府推出"里程碑计划"项目，计划建造并组成一个由 3D 打印构建的公共住宅社区。德国、奥地利、丹麦等国推出了小型办公楼、低层住宅等 3D 打印建筑。2022 年 4 月，西班牙加泰罗尼亚高等建筑学院和意大利一家 3D 建筑打印机生产商共同建造的 3D 打印房屋，利用当地原材料制造打印砂浆，能够有效降低建筑成本，并根据当地气候特点设计，更有效抵御冬季的寒冷和夏季的烈日。通过 3D 打印技术，可实现建造过程的结构优化，有效控制建筑废料的产生，降低对环境的影响。面对巨大的市场需求，迫切需要一种成本更低、建筑效率更高、安全性更强的建筑模式。随着技术的进一步发展和成熟，3D 打印建筑的成本会大幅下降，且将推动整个建筑行业和城市建设发生革命性改变。

（三）城市新的生命力：办公模式和城市文化

从长远来看，疫情将改变以往的工作方式，视频会议、共享文件和即时通信等技术提供了替代高层办公楼的可行选项。与此同

[①] 3D 打印建筑技术属于增材制造工艺，设计师将数字化设计模型输入建筑打印机中，转化为打印指令，机器就会按照设计要求，将特殊材料层层叠加成特定形状的建筑部件。资料来源：郑彬. 欧洲多国探索 3D 打印建筑〔N〕. 人民日报，2022－04－15（16）.

时，视频流和社交媒体等让人们可以体验不同城市的文化和社区。新型冠状病毒感染发生之前，远程办公在大多数欧洲国家并不是特别普遍。2000 年，美国在家工作的人数达到 420 万人，比 1980 年增加了 1 倍，这并未包括大约 2000 万"有时候"在家工作的人①。根据欧洲改善生活和工作条件基金会收集的数据，2015 年只有 11% 的德国人和 8% 的意大利人"偶尔"进行远程办公。新型冠状病毒感染发生之后，政府、企业和其他会议转到网上营运，授课采用虚拟形式，对于科技创新型公司而言，居家办公不再只是一项福利，而是新的招聘标准。2022 年 5 月，印度人力资源机构 CIEL HR 针对 40 家科技公司和 90 万名员工进行的调查显示，越来越多员工已习惯居家办公，不愿意再回到需要长时间通勤、在办公室加班工作的生活，专业技术人士更倾向于居家办公。办公模式的转变革新将改变城市面貌和组织方式，经济活动将可能向城市郊区和周边地区转移，人们无法承受每天往返市中心的通勤压力，但能够接受每周去一两次办公室。

远程办公或居家办公对于中国经济发展的好处可能比欧美国家更大。推广虚拟办公能够在一定程度上帮助中国解决人口和环境挑战②。远程办公或居家办公能够减少养育和住房的成本，更多家庭将可以搬到离市中心更远的地方居住，不受通勤限制的员工将

---

① ［美］马克·佩恩，E. 金尼·扎莱纳. 小趋势：决定未来大变革的潜藏力量［M］. 刘庸安等译，上海社会科学院出版社，2019.

② 远程办公、居家办公尤其是在线会议的广泛普及将在碳排放上取得显著的成效，大型会议中 5000 名网上参会者所产生的碳足迹可能与一名实地参会者碳足迹相等。

可以考虑到郊区或乡村居住。免于上下班奔波的父母能够花更多的时间陪孩子，而通勤人数的减少还有助于降低空气污染。推广远程办公的潜在经济和社会效益是巨大的，随着农村及乡村结合部交通、数字基础设施建设的不断完善，中国在未来30年全力实施的乡村振兴战略或许也能够借此实现新的发展。

1. 文化将成为未来城市发展的关键要素

2020年10月，日本茑屋书店在杭州设立了在中国的第一家茑屋书店，茑屋是日本书店品牌，在全球经营超过1000家门市店，除了书和影音产品，还有咖啡厅，也卖家电、自行车、绿植等，类似的文化建设布局有助于提升整个城市文化供给对人们高品质生活需求的适配能力。未来，杭州、成都、重庆、西安这样的城市将会通过具有自身特色的文化基因塑造和文化环境营造为城市发展注入新的生命力。与此同时，上海以创新型经济和流量型经济培育壮大文化创意产业，这其中一大批精品文化影视剧的诞生打造了流量IP，上海还在打造"全球电竞之都"和"亚洲演艺之都"，其背后是上海极为夯实的人才基础和教育实力，这将极大提升上海的城市战略地位和发展位势。在全球50个国际文化大都市中，上海坐拥的茶馆、咖啡馆总数排名全球第一，餐馆数排名第二；年接待游客数量排名全球第一，旅游业总收入排名全球第三；

拥有的影院银幕数位列全球第一①。上海等城市还在加快建设更多的博物馆、美术馆，营造更富文化品位的国际城市。未来，影响乃至决定一个城市要素吸引力和人口集聚力的将是文化及其氛围。

2. 高层次人才和精细化管理体现了未来城市发展的方向

高层次人才的规模和厚度体现了城市开放的人才机制和包容的人才环境，优质的人力资本是支撑城市实现高质量发展、建设现代大都市的刚需。以上海为例，2020 年，约 2.2 万名海外留学归国人才落户上海，其中毕业于世界排名前 100 名大学的人数占比超过 50%，毕业于世界排名前 300 名大学的占比接近 80%。尤其是整个"十三五"期间，上海累计引进留学人员 6.7 万余人，比"十二五"期间增加了 1 倍多②。根据预测，到 2030 年，上海户籍人口 60 岁及以上老年人口将占户籍总人口的 40%，到 2040～2050 年，将达44.5%，上海将步入深度老龄化阶段。上海将实行差别化人口引导政策，聚焦集成电路、人工智能、生物医药等重点产业，制定有针对性的产业人才政策。同时，上海已成为中国城市治理的典范，并努力向世界级治理层级迈进，垃圾治理新时尚、精细化管理、智慧城市建设、高品质生活等，这些上海正在做的将成为中国新一线城市和二、三线城市在未来 30 年所要学习和实践的。

①　上海交通大学与美国南加州大学联合团队［R］.2020 年国际文化大城市评价报告，2021.

②　王烨捷.打好"上海牌"引来"顶流"海归［N］.中国青年报，2021-02-05(1).

二、两地居民和幸福竞争力

中小城市和乡村的吸引力将会逐渐提升，但这并不代表更多的人会向乡村集聚，而且在不同的国家或地区，这样的需求也会有所不同。中国的农村人口将继续向大城市迁徙，但鉴于较低的人口出生率以及未来的乡村振兴崛起，仍难以阻止大城市人口增长放缓甚至减少。

（一）"两地居民"的壮大

新型冠状病毒感染在很大程度上打破了传统城市化逻辑，地铁和公交让社交隔离根本难以做到，同时，不断的隔离让城市失去了原本应有的价值。法国的一项民意调查显示，53%的人表示想去一个规模更人性化的城市生活，12%的人表示想去乡村地区[1]。与此同时，将有更多城里人成为"两地居民"。法国全国统计和经济研究所2019年12月公布的《人员稀疏地区人口增长趋势》报告表明，法国人口在300~2000人的小村镇是在2007~2017年增长最快的，年增长率为0.6%，而大中城市的增长率仅为0.2%。人口密集区的移居净人数下降（-0.1%），而小村镇年移居净人数则

---

① 卫嘉．未来在乡间？法媒称疫情使人们更向往乡村生活［N］．参考消息，2020-04-30（12）．

增长了 0.5%①。显然，搬进小村镇的人比搬走的多，乡村地区能够重获青睐，主要是缘于技术的进步让原来的城市优势如今在乡村也可以享受到，可以远程办公、线上处理很多事情、下单以及同亲友沟通。"两地居民"将得到越来越多的"城里人"青睐，与单纯地搬家到乡村相比，"两地居民"更愿意往返城乡，在城里的办公室工作两三天，其余时间在乡间度过，将有越来越多的人更愿意生活在乡下，更希望能拥有两个家。2008 年金融危机后，韩国失业率迅速上升，回归农村成为一部分城市人口的选择，韩国政府在 2009 年 4 月出台了《归农归村综合对策》，从立法层面推动城市人口回归农业生产、农村生活，到 2020 年韩国归农归村人口达到 49 万，72.8%的归农人员和 76.2%的归村人员对新生活感到满意。德国一直秉持"城乡等值化"的理念，越来越多被称为"职业移民"的三四十岁的人被吸引到农村，努力实现"住房、创业、生态生活的三重自由"。

　　未来，中国的城乡关系能否会出现这样的迹象，还需要拭目以待，但如果要真正实现乡村振兴，或许就要打破以往的传统思维，中国可以打造很多的超大城市，但同时还须拥有更多的美丽乡村和魅力乡村。事实上，中国城镇化率统计从户籍城镇化率向常住

---

　　① 法国的城市化率从 1946 年的 53.2%经过 25 年增长到 1975 年的 72.9%，这期间也是法国乡村建设与发展的黄金时期，之后进入缓慢提升阶段，到 2021 年达到 80.18%。农业现代化的实现和乡村设施的改善，显著缩小的城乡差距，乡村多元化功能更加显现，乡村发展对推动法国产业结构调整、城市化进程和乡村功能拓展均起到了积极作用。

人口城镇化率的转变在很大程度上体现出在过去 10 年城镇化快速发展过程中，"两地居民"已经存在，东北地区人口的大量外迁，促使"两地居民"的更多出现，但是这种"两地居民"的存在并不具备代际传递性，未来中国"两地居民"的大量形成将显著受到高速铁路持续发展、乡村振兴全面进展、弹性工作全面推广等因素的影响，同时，气候变化背景下，酷热或寒冷的天气将进一步促使人们选择在城乡之间乃至跨地区之间的"迁徙"，这对于中国经济发展并不是一件坏事，而恰恰加速了流动性，促进了地区之间的均衡发展。

什么是幸福生活？幸福生活和品质生活又有何异同？城市生活经济压力日益增大，城市很重要的一个功能是提供社交场所，在社交需要减少、社交手段更多的情况下，乡村生活将更具有吸引力，远离城市和喧嚣的山区和湖区成为新的度假目的地。乡村可以通过打造城市"后花园"，开发各种既有趣又能"做中学"的体验项目①，不再仅仅依靠从事农业来满足经济需要，更多的是吸收城市要素的涌入。当然，生活在乡村并不意味着要放弃城市，在通勤条件便利便捷的情况下，教育、医疗、文化、购物等传统意义上城市所能提供的各种功能，其服务范围和辐射能力都将显著扩大，美丽乡村和城市近郊尤其是邻近高铁、衔接地铁的城市新空间，将成为人们追求品质·幸福生活的新选择。

---

① 英国是世界上农业旅游最成熟的国家之一，2018 年，农村地区的旅游业总收入约为 115 亿英镑。2019~2020 年，英国农村地区注册旅游相关企业 6.68 万家，占农村地区注册企业总数的 11%。在英国农村，15% 的人口从事旅游行业。

（二）"双循环"：中产阶层和城市化人口

加快形成以国内大循环为主体、国内国际双循环相互促进的新发展格局，一个重要方面是扩大内需消费。问题是，扩大内需在GDP中所占比重，相应要增加劳动者的收入和社会保障水平，从而导致人力成本上升，内循环与外循环之间就形成了矛盾①。扩大消费是实现经济内循环的重要基础，而一个基数庞大的中等收入群体又是推动消费增长的前提。中国现在已有4亿中等收入群体，未来15年内须将中等收入群体规模由4亿扩大到8亿左右，即实现"中等收入群体倍增"或"中产倍增"。如果到2035年中等收入人口达到8亿，占到总人口60%左右，中国经济将基本转型为以国内消费拉动为主的发达经济体②。

从统计学意义上讲，绝大部分农村居民没有进入中等收入群体。而除少数特殊情况导致的困难家庭，大部分城镇居民已进入中等收入阶层，中等收入群体与城镇人口高度重叠③。根据中国国家统计局数据，2022年中国城镇化率达到65.22%，即9.21亿人口常住生活在城镇，这意味着中国的中等收入人群不止4亿。没有

---

① 王元丰 . 推进"双循环"，创新治理很重要［N］. 环球时报，2020-09-23（15）.

② 刘戈 . 实现"中产倍增"的密码，藏在这里［N］. 环球时报，2020-09-22（14）.

③ 根据国家统计局数据，2022年全国居民人均可支配收入中位数31370元。其中城镇居民人均可支配收入中位数45123元，农村居民人均可支配收入中位数20133元。如果按照中位数4.5万元左右计算，一个居住在城镇的三口之家年收入将达到13.5万元。

进入中等收入群体的城镇人口数字与2.8亿的农民工数量相对比较接近。农民工在城市里挣到比在农村高得多的收入，但大部分农村家庭通常只能一个劳动力在外打工，实际消费水平和城市市民存在巨大差距。如果不包含在城市打工的农民工群体，中国的城镇化率只有40%~45%，另外，15%~20%更准确的应该叫"半城市化人口"，虽然在城市工作，但并没有完全具备城市的生活方式和消费方式。

如何让农民工全家都进入城市或城镇生活，就是中等收入群体倍增的路径。预计到2035年，中国城镇化比例将达到75%左右①，如果其中实现完全城市化的人口达到60%左右，那么中等收入群体将扩展到8亿人以上。较低的人均土地面积使很多地方的农民难以通过纯粹的农业生产进入中等收入阶层。2021年中国第一产业占国内生产总值的7.1%，这个数字和美国20世纪50年代初的水平相当②。从发达国家城市化的进程来看，在城市化达到70%以上之后，由于土地不断集中，农业生产基本实现工业化，农民的收

---

① 关于中国城镇化峰值或"天花板"的问题，中国社会科学院在2013年的预测是到2050年达到85%左右；北京大学课题组在2020年的预测到2035年达到75%甚至80%左右；清华大学课题组在2017年的预测表明到2035年中国城镇化率将达到70%以上，到2050年达到75%左右，最终饱和状态在75%~80%，未来仍将有20%~25%的人口分布在广大农村地区。资料来源：顾朝林，管卫华，刘合林. 中国城镇化2050：SD模型与过程模拟 [J]. 中国科学，2017（2）.

② 20世纪50年代初期，美国第一产业占GDP的比重为7.3%，美国经济步入工业化后期产业发展阶段，到1985年，一产占比下降到2.3%，2016年一产占比为0.9%，从事一产的劳动力人口不足1%，2021年美国三次产业结构为1.07：18.20：80.72。资料来源：郭树华，包伟杰. 美国产业结构演进及对中国的启示 [J]. 思想战线，2018（2）.

入将会有较快提高，从收入水平和消费方式上城乡差别基本消失。而从当前中国人均农业资源占有情况来看，依靠农业生产实现收入和生活方式更快增长，还有一段路要走。推进农业转移人口市民化是新型城镇化建设的首要任务，尽快推动1亿非户籍人口在城市落户具有决定性意义。除北京、上海等个别城市，更多城市须取消落户的学历、年龄、社保年限等限制，鼓励农民工尽快在所工作的城市落户，无差别享受所在城市的公共服务。这将有助于中等收入群体规模的提速壮大。

三、高速铁路变革下的城市

中国已成为世界上高铁运营里程最长、在建规模最大、高速列车运行数量最多、商业运营速度最高、高铁技术体系最全、运营场景和管理经验最丰富的国家。截至2022年底，中国动车组保有量已经达到4194组，其中复兴号动车组约1191组（2021年），约占世界高速列车总保有量的53%，铁路营业里程达到15.5万千米，高铁营业里程4.2万千米，全国铁路路网密度161.1千米/万平方千米，2021年，铁路已经覆盖81%的县，高铁网对50万人口以上城市的覆盖由2012年的28%扩大到2021年的93%；高速公路已建成11.7万千米，以国家高速公路为主体的高速公路网络已经覆盖了98.8%的城区人口20万以上城市及地级行政中心，连接了约88%的县级行政区和约95%的人口。

1. 到 2050 年城市高铁通达能力将大幅提升

未来 30 年，中国将建设以高铁主通道为骨架、区域性高铁衔接延伸的高铁网，实现省会城市和 50 万人口以上城市高铁通达，在有需求支撑的区域建设高铁连接线、延伸线，发展更高时速标准高速铁路。2020 年 8 月，中国国家铁路集团有限公司公布《新时代交通强国铁路先行规划纲要》，提出到 2035 年，将建成服务安全优质、保障坚强有力、实力国际领先的现代化铁路强国，铁路网将达到 20 万千米左右，其中高铁约 7 万千米。到 2035 年，现代化铁路网率先建成，铁路网内外互联互通、区际多路畅通、省会高效连通、地市快速通达、县域基本覆盖、枢纽衔接顺畅，网络设施智慧升级，有效供给能力充沛，20 万人口以上城市实现铁路覆盖①。到 2050 年，全面建成更高水平的现代化铁路强国，50 万人口以上城市高铁通达、加强新型载运工具研发应用，将提高线路运输能力逾 30%，更好地满足人民日益增长的快捷交通需要。

2. 打造快捷融合的城际市域（郊）铁路网

未来 30 年，中国将在经济发达、人口稠密的城镇化地区统筹规划建设城际和市域（郊）铁路，打造轨道上的城市群和都市圈。目前，高铁可实现京津冀、长三角等城市群内 2 小时畅行；北京、上海等大城市间 1000 千米 4 小时通达、2000 千米 8 小时通达。到

---

① 陆娅楠. 到 2035 年，中国铁路什么样［N］. 人民日报，2020-08-14（8）.

2035 年，要形成全国 1 小时、2 小时、3 小时高铁出行圈，即主要城区市域（郊）1 小时通达，如京津冀区域北京到天津、雄安间，长三角区域上海到苏锡常间，粤港澳大湾区广深、广珠间，成渝双城经济圈成都到重庆间形成市域和通勤客流圈。城市群内主要城市间 2 小时通达，如京津冀区域北京到石家庄间，长三角区域上海到南京、杭州间，粤港澳大湾区广深港澳与珠三角周边城市间，成渝双线经济圈成渝与周边城市间形成城市群快速通道。相邻城市群及省会城市间 3 小时通达，在各城市群中心城市与其他省会城市间，打造城市群综合交通网主骨干，强化繁忙高铁主通道能力。到 2035 年，在港珠澳大桥和广深港高铁建设基础上，粤港澳大湾区铁路网络运营及在建里程将达到 5700 千米，覆盖 100% 县级以上城市，届时可在 1 小时通达大湾区主要城市间，2 小时通达主要城市至广东省内地级城市间，3 小时通达主要城市至相邻省会城市间。大湾区城市内部将建设交通枢纽，连接机场与火车站，把城际铁路系统与城市内部交通连接起来。粤港澳大湾区将与长三角城市群成为世界上高铁互联互通最高效的都市圈。

3. 高速磁悬浮列车可填补高铁和航空之间的速度空白

高速磁浮具有高速快捷、安全可靠、运输力强、绿色环保等优势，在服务 1500 千米运程范围内具有一定优势，可填补高铁（时速 400 千米以内）和航空（时速 800 千米以上）之间的速度空白，有助于形成航空、高速磁浮、高铁和城市交通等速度阶梯完善、高效便捷的多维立体交通构架，也有助于推进城市群建设和区域协同发展。2002 年底，上海开通了从浦东国际机场至市内大约 30 千米长、最高时速为 430 千米的世界第一条商业示范运营的磁悬浮列车线路。2019 年 10 月发布的《交通强国建设纲要》提出建设北京至广州、上海至杭州、重庆至成都等高速磁悬浮线路，如按时速 600 千米计算，从深圳到相距约 1500 千米的上海，所需时间大约为 3 小时，深圳至北京约 2200 千米，4 小时多即可到达①。《广东省国土空间规划 2020-2035 年》预留纵横两条高速磁悬浮廊道，即京港澳高速磁悬浮和沪（深）广高速磁悬浮廊道。2021 年 7 月 20 日，具有完全自主知识产权的世界首套设计时速达 600 千米的高速磁浮交通系统在山东青岛正式下线，中国已掌握常导高速磁浮全套技术和工程化能力②。当然，磁浮列车要想跑得更快，还要解决空气阻力问题，高速磁浮距离工程化和商业运营还有许多技术性和经济性难题亟待突破。但随着磁浮技术的不断探索进步，在地面实现（超）高速轨道交通运输这一梦想与现实的距离将不断缩短，在极大促进各地互联互通和人们工作生活便利的同时，对城市发展将带来革命性的影响。当然，比高速磁浮更令人开脑洞的是超级高铁 Hyperloop，有预测到 2035 年前这个依赖低压管道的快速交通系统将建成，时速将高达每小时 1126 千米，而到 2040 年，甚至会建成升级版的 Hyperloop，车厢运行速度最高可能达到每小时 6500 千米，相对而言，高速磁浮更靠谱些。

---

① 张凡. 高速磁浮，激荡速度与梦想［N］. 人民日报，2020-07-08（5）.
② 邓自刚. 高速磁浮　前景广阔（开卷知新）［N］. 人民日报，2021-11-02（20）.

四、城市将更有智慧

未来的城市将是更为"智慧"的城市，人工智能、物联网、大数据等新 ICT 技术在重构生产要素和生产关系，以及造福大众、提振经济的同时，也将为城市治理提供新思路。未来，城市必须在数字化进程中深度前行，才能实现环境、社会和经济的发展目标，但核心永远也必须是人。新技术、新材料、建筑物和移动系统可能层出不穷，但真正的变化将来自人们的移动方式以及与环境互动的方式。

1. 物联网

建筑将不再是死气沉沉的建筑，而将是智能化的建筑，如可以利用智能手机通过 Wi-Fi 控制温度调节器和警报器，即便身处几百千米之外，只需触摸一下屏幕就能完成操作。智能建筑温度控制或智能能源管理系统将在未来的城市中普遍存在，智能照明和智能停车系统等将得到迅速普及。通过联网的物品、机器人技术和数据处理来改善居民生活。社区的垃圾桶装有传感器，可以让垃圾收运车在合适的时间到达最佳地点。智能电网将根据用户的电力需求来调节供应，实现供电商和电网的最佳匹配。污水处理和水资源分配将依赖于检测废弃物水平或监测管道网络是否泄漏的传感器。

2. 智慧交通

智慧出行将显著缓解城市停车难题，自动驾驶将给城市带来深刻的变化，让交通运输系统更有效率，每优化部署一辆自动驾驶汽车，就可以让 8~10 辆车离开城市道路，加上日益成熟先进的智慧交通指挥系统，将为人口密集和地价高昂的城市中心腾出新空间。对现有交通系统的智慧化改造将是实现未来智慧交通的基本前提。巴塞罗那在地铁 9 号线（欧洲最长的地铁线路之一）的新车站配备装有智能控制系统的电梯，电梯系统与地铁运行时刻表联通，根据高峰时段、客流量等实时数据优化运营，当列车到站前自动移动到站台这一层，加快乘客流动，减少拥挤和等待时间。在著名景点圣家族大教堂附近的 4 条街上，164 个停车感应器实时收集信息反馈至管理中心。司机可以从手机应用或电子信息牌上获取停车位空置信息，合理安排出行，避免过长等待①。到 2035 年前，全球大城市将拥有更多智能停车系统，停车场和停车位都将设有感应器，分析车辆停放信息，调整停车场容量，缓解"停车难"问题，进而推进城市智能交通发展。

3. 会津若松：日本智慧城市领导者

日本福岛县的会津若松利用数字技术提高功能性和宜居性，以新的方式建设智慧城市，数据成为智慧城市的生命线，居民可以

---

① 姜波. 巴塞罗那——创新城市发展思路［N］. 人民日报，2020-07-29（17）.

选择是否以个人信息换取智能服务。为了增加透明度并向居民保证个人信息不会被滥用，以更加透明的方式处理个人数据，数据管理将受到社会的监督①。2020 年 5 月，日本政府修订法律，扩大了以"开放准入"为特征的智慧城市。通过将城市操作系统、智慧城市的基本软件标准化，将多个城市的信息基础设施连接起来，避免了城市从零开始建设智慧基础设施，使城市更容易向智慧城市转型。随着越来越多的城市联网，可以收集的数据也将越来越多，由此可以提供更好和更有针对性的服务，将有助于日本智慧城市规划建设标准被世界其他国家接受，进而形成国际标准。

4. 生态三角洲智慧城

韩国耗资约 6.6 万亿韩元（约合 360 亿元人民币）在釜山 11.8 平方千米的沿海湿地建造拥有 3 万套住宅的"生态三角洲智慧城"②，在人居环境上将更加智能化、智慧化，一个 3 英尺高、未来感十足的触摸屏和一台三星平板电脑成为智能住宅的神经中枢，能够显示居住者的健康状况（从心率到睡眠质量），针对饮食和锻炼提出建议，报告天气和当日新闻，用平板电脑可以观察智能住宅每个角落，如哪些家用电器在运转，房屋能耗多少，冰箱里有没有食物快要过期等。这座智慧城市将拥有独立的污水处理、

① 汤立斌．日本大力发展智慧城市技术［N］．参考消息，2020-09-10.

② David Belcher, A New City, Built Upon Data, Takes Shape in South Korea, Mar 29, 2022, https://www.nytimes.com/2022/03/28/technology/eco-delta-smart-village-busan-south-korea.html? searchResultPosition=1.

净水以及太阳能和水力发电系统。所有绿地都将使用处理后的污水浇灌。大量地下水产生的热液能源，加上屋顶的高能效太阳能电池板，将用能成本和对环境的影响降至最低。同时，无人机负责运送包裹，小型机器人负责清扫并监控街道、保障治安。

5. 编织之城

2021 年 2 月，日本丰田汽车公司宣布在距离东京 62 英里（约合 100 千米）的静冈县建造一座占地 175 英亩（约合 1062.3 亩）、致力于人工智能和前瞻性技术的智能城市（"编织之城"）。"编织之城"是丹麦建筑事务所 BIG（Bjarke Ingels Group）为日本丰田汽车公司设计的一个"未来原型城市"，将集合自动驾驶、出行服务、个人新式出行、机器人、智能家居、人工智能等多项技术，人、建筑物和车辆将通过数据和传感器相互连接和通信。新城市将有三种类型的道路在地面上彼此相连，一种是行人通道，另一种是电动滑板车等个人移动交通工具的通道，以及仅供自动驾驶车辆通行的通道。"编织之城"的智能住宅有一系列可协助居民日常生活的集成机器人系统和基于传感器的人工智能设备，后者可监测人们的健康状况并照顾其他基本需求。

6. 新未来城

沙特阿拉伯计划在北部的"尼尤姆"地区打造"The Line"零碳排放的新城，这将是一座 100% 的步行城市，以可持续发展为设计理念，完全围绕自然环境而建，由长达 170 千米的超级社区带组成，从红海沿岸一直通向荒芜的山地，包括住宅区域、生活设施、医疗机构和娱乐设施等，没有汽车，没有道路，没有交通拥堵，而超高速公共交通和自主移动解决方案将确保人们在城市内的交通时间不超过 20 分钟。新未来城计划将为沙特阿拉伯创造 38 万个就业机会、贡献大约 480 亿美元的国内生产总值。虽然新未来城完全是一个远景蓝图的描绘，但这也为未来建设更加智慧的城市提供了参考。

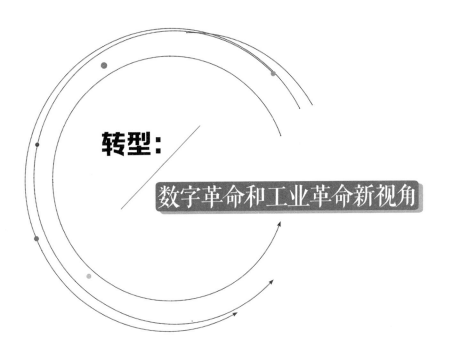

转型：

数字革命和工业革命新视角

人类文明史正在进行全新书写，以数字技术为核心的新一轮科技革命和产业变革，将以技术集成模式推进新工业革命的到来，未来的转型始于技术，终于人类自身，我们将迎来一个崭新的篇章。

一、数字转型：全球复苏新动力

20 世纪地缘政治争夺的重点是煤炭、钢铁、石油、天然气和海路。21 世纪，超级大国之间的战场是数字战场，这种竞争将表现为对数据云、半导体、人工智能、5G 或 6G 网络以及量子计算安全性控制权的争夺，"数字主权"正在变得日益重要[①]。数字转型涉及数字技能、企业数字化转型、数字基础设施、公共服务数字化等方面，这将对生活、工作、教育、产业发展和公共管理等领域产生深远影响[②]。但"贫富差距"和"数字差距"进一步拉大，全世界仍有一半以上的人口没有机会或没有能力接入互联网，

[①] 20 世纪 90 年代的全球五强企业是通用汽车、福特、埃克森美孚、IBM 和通用电气，都是美国公司，到了 2020 年，全球五强企业依然是美国公司，但都是数字企业（苹果、微软、亚马逊、谷歌和脸书）。

[②] 2021 年 3 月，欧盟委员会发布《2030 数字罗盘计划：数字化十年的欧洲道路》，希望 80% 的人口拥有基本的数字技术，培养 2000 万新技术专家，确保 90% 以上的中小企业具备基本的技术强度，75% 的公司能够使用云技术、人工智能和大数据；在计算机方面，普及 5G 网络和千兆光网，半导体生产份额翻 1 倍；公共管理方面，加速市值为 10 亿欧元及以上的初创企业增长，实现 80% 的人口拥有电子居民身份证。

这是现实所在，也是潜力所在。

数字化已成为全球经济复苏和发展的新动力，在疫情倒逼下，数字化、绿色化、智能化推动全球化转型，远程办公带动二线城市和中小城市发展，零工经济将进一步兴起，也将引发农业数字革命①。视频会议的繁荣加速了在线工作和远程服务（如远程医疗）的发展，这将使长期以来主要在国内的行业走向全球化。任何没有加入数字化趋势的企业都将逐步失去盈利能力，这种趋势还包括物流和成本控制方面的变化。5G、人工智能、大数据等新一代数字技术将对数字经济的蓬勃发展起到支撑作用，未来产业发展将更加依赖于物联网、人工智能、大数据、云计算等数字"新基建"。某种程度上，谁掌握先进信息技术、拥有数据优势，谁就控制了国际产业竞争的制高点，也就将主导全球新科技革命和产业变革。医疗、教育、办公、传播、交易、物流、娱乐等将成为数字化转型的先行领域。制造业信息化转型将加速人工智能、物联网、5G技术、生物医药的创新和应用，能够抓住这些机遇的国家将进一步提升其在全球价值链的位势，以及在全球价值链重构中的话语权。亚太地区数字经济发展迅速，将推动亚太地区为全球经济增长做出更大贡献。东南亚地区拥有3.6亿互联网用户，是全球移动互联网活跃度最高的市场之一。2022年，东南亚地区

---

① 王义桅. 新冠疫情是世界历史发展分水岭［N］. 参考消息，2020－06－04
（11）.

数字经济规模达到 2000 亿美元①，预计到 2030 年整个东南亚地区数字经济规模将有望增长至万亿美元。

2035 年将是人类未来 30 年发展历程中的一个关键节点年，全球治理格局或将发生关键性转变，全球技术发展将得到显著突破，现在看来的一些"黑科技"将会在 2035 年前后得到推广应用，而数字化转型的成效和影响将全面显现。到 2045 年，量子计算机将会得到大规模商用，创造 1 万亿美元规模的经济价值，并将左右制药、化学、能源、汽车、金融以及新材料开发等诸多行业的竞争力②，其运行速度比传统模拟装置计算机芯片运行速度快 1 亿倍。当然，这些还远远不够，应对好未来全球面临的风险，必须在人力资本、社会安全网络、教育、环保和可持续技术等方面进行投资，建立成本更低、更加持续、更加稳定的经济体系，促进公平和可持续的经济复苏。

1. 5G 时代已到来

高速度、大连接、低时延是 5G 的三大特点。到 2022 年底，中国已建成 231.2 万个 5G 基站，总量占全球 60% 以上，5G 基站

---

① 为新加坡、印度尼西亚、马来西亚、泰国、越南和菲律宾六国数字经济规模，2021 年其规模为 1740 亿美元，较 2019 年增长 74%，受全球经济增长放缓及多年扩展因素影响，东盟六国数字经济增长放缓。

② 截至 2023 年 2 月，美国、中国和加拿大成为全球三个具备量子计算机整体交付能力的国家，目前中国在量子计算机产业方面，较美国落后 5 年左右，但未来几十年中国将逐步占据优势。日本将通过量子计算机与超算配合，实现更高级的"混合型"运算，并力争在 2025 年实现商用。谷歌的目标是在 2029 年制造出克服所有现有问题的更加成熟的量子计算机，并正式投入商用。

占移动基站总数的 21.3%，在持续深化地级市城区覆盖的同时，逐步按需向乡镇和农村地区延伸，5G 移动电话用户达到 5.61 亿户①。随着新一代通信技术在多国启动商用，从手机观看 4K 影片，到人工智能、VR（虚拟现实）、云计算、物联网，5G 已经开始深刻影响生活与生产的方方面面。智能制造、智能医疗、智能教育、数字政务等领域的 5G 融合应用不断拓展，"5G+工业互联网"将成为数字化转型的战略支撑。但 5G 的发展依然无法完全满足各行各业不断提出的新问题。当前，5G 商业化正在进入提速阶段，6G 的准备已被提上议程，从研究开始到新一代通信技术的商业化通常需要大约 10 年的时间。5G 已经到来，6G 正在蓄势，预计 2030 年之前，世界主要国家将进入 6G 商用化阶段。

2. 2035 年，6G 将全面到来

2019 年 11 月，中国科技部宣布成立国家 6G 技术研发推进工作组和总体专家组，标志着中国 6G 技术研发工作正式启动。根据三星发布的《下一代超连接体验》，预计到 2030 年，互联设备的数量将达到 5000 亿，比全球人口预期规模（85 亿）多 59 倍，这些互联设备将成为 6G 通信的主要"用户"，代表着对更高速率和更大带宽的要求。6G 技术能将数据传输速度提高到每秒最高 1 太

---

① 截至 2022 年底，中国移动电话用户规模为 16.83 亿户，人口普及率达到每百人 119.2 部，高于全球平均的每百人 106.2 部，5G 移动电话用户达 5.61 亿户，占移动电话用户的 33.3%。中国 5G 专利占有率达到 26.8%，居世界第一。资料来源：2022 年通信业统计公报，国家工业和信息化部，https://www.miit.gov.cn/gxsj/tjfx/txy/art/2023/art_ 77b586a554e64763ab2c2888dcf0b9e3. html.

字节（TB），将延迟降至 0.1 毫秒。6G 将提供比 5G 高 50 倍的峰值数据速率，延迟有望缩短到 5G 的 1/10①。6G 将把 4G 时代人与人的高速互联、5G 时代的人与物的广泛连接，拓展到"人机物智"的充分连接、各种制式网络的包容连接、全球范围的无缝连接。6G 标准制定及其最早期的商业化有望于 2028 年完成，大规模的商业化可能会在 2030 年左右发生。由于通信以及传感、显示和人工智能等其他技术的进步，6G 将带来很多全新、跨越性的服务，沉浸式扩展现实（XR）、全息图和数字孪生是 6G 服务的三个关键领域，XR 是结合 VR（虚拟现实）、AR（增强现实）和 MR（混合现实）的新趋势，通过将计算任务转移到功能更加强大的设备或服务器上进行，需要拥有更大带宽的 6G 支持。云上沟通、先进机器人、即时的交通、物流或工业调度、远程医疗、新的教育方式、数字孪生、感官互联网等都将成为 6G 的应用领域清单。

3. 数字空间：数字孪生和全息技术

在先进的传感器、人工智能和通信技术的帮助下，6G 时代将在虚拟世界中复制实体——包括人、设备、物体、系统甚至地方，这种物理实体的数字复制品被称为"数字孪生"或数字化副本。全球性的数字测量在未来 10 年将不断加快成熟，政府、企业、研究机构等将共同加快建造工厂、道路交通或整个城市的数字孪生。

---

① 成仲. 三星发布 6G 白皮书：定义下一代超链接体验［N］. 环球时报，2020-07-21（11）.

人们将通过器官和人体的数字孪生进行新药或干预措施的模拟试验，更快地做出评估。英国初创企业 CN 生物技术公司推出了一种"器官芯片"，可以准确反映人体的生物反应，约翰斯·霍普金斯大学的医生们借此研究自身免疫性疾病。全息图是通过全息显示器呈现手势和面部表情的下一代媒体技术，为降低全息图显示所需的数据通信规模，可以利用 AI 实现对全息图数据的高效压缩、提取和呈现。全息图将使人们能够在任何地方与各种东西中互动，比如让人足不出户在超市购物，或将人融入元宇宙所承诺的平行世界①，或是将人全息传输到国际空间站接受远程医疗测试，2022年 4 月，NASA 通过全息传送进行了第一次虚拟太空问诊，逼真、实时地重建、压缩和传输高质量的真人 3D 模型。在元宇宙平台公司推出的 VR 会议室 Horizon Workrooms 中，员工可以为自己创建一个虚拟替身，与其他人在白板或笔记本电脑上协作，就像在电脑游戏中一样。人们可以佩戴 VR 眼镜"走进"经过数字化重建的办公地点，元宇宙为未来的工作世界准备了远胜于居家办公在线会议的解决方案：数字办公室，这种沉浸度更高的会议环境有利于集思广益、激发创意。

---

① 元宇宙的最初设计理念包括增加社会存在感、远程工作、支付、医疗保健、产品交易等。2022 年 8 月，在北京召开的世界元宇宙大会宣布启动基金支持致力于元宇宙的初创公司，上海、北京等地提出了城市元宇宙"新赛道"行动方案或创新发展行动计划，到 2030 年中国人工智能理论、技术与应用总体将达到世界领先水平。摩根士丹利估算，中国元宇宙市场潜在总规模将高达 8 万亿美元。

二、未来转型：工业革命新视角

面向未来的高科技，其本质属性之一是为了提高效率，增强人类的联动、共享的程度，降低经济成本。未来的世界一定是一个互联互通的世界，这是百年未有之大变局的经济大趋势，谁阻断谁就将是受损者、落伍者，谁就将是全球化的边缘者①。杰里米·里夫金在《第三次工业革命》中预言，建立在互联网和新能源相结合基础上的新经济即将到来，并将改写人类发展进程。在其《零碳社会》中则聚焦"第三次工业革命"中的零碳图景，并大胆预测：碳泡沫将是人类历史上最大的经济泡沫。到2028年，价值约100万亿美元产值的化石燃料资产即将搁置，化石能源文明将结束，人类将由此进入一个全新的零碳时代，以应对气候变化带来的生态灾难和物种大灭绝②。

人类历史上的重大经济转型一般需要具备以下三个元素，即通信媒介、能源和运输系统。19世纪，蒸汽印刷和电报、丰富的煤炭以及国家铁路系统中的机车结合在一起组成了一个通用技术平台，从而引发第一次工业革命；20世纪，电话、广播和电视，廉价石油与内燃机车融合在一起，为第二次工业革命的到来创造基础设施。人类正迈入第三次工业革命，数字化通信互联网、由太

---

① 陈文玲. 当前世界的十大风险与挑战［N］. 参考消息，2020-06-17（11）.
② 杰里米·里夫金. 中国正把钱花在该花的地方［N］. 环球时报，2020-07-18（4）.

阳能和风能提供动力的可再生能源网，建立在物联网平台上的无人驾驶汽车及物流互联网，共同聚集构成的绿色智能基础设施将是实现零碳经济转型的核心①。而互联万物的大数据，以个人、家庭和企业为主体，通过算法分析和结果应用，进一步提高人类发展总体效率和生产率，大幅减少碳排放量。

但从第二次工业革命到第三次工业革命的过渡将是艰巨的。未来40年，人类将停用和拆卸所有搁浅的化石燃料、核能的基础设施并进行绿色智能基础设施的扩建，这将需要由半熟练、熟练和专业工人组成的庞大劳动力来完成。绿色基础设施全面运行后，将逐步由人工智能和机器人进行管理，由少量技术和专业人才对其进行监督。到21世纪中叶，大多数就业者可能将被迫转入非营利部门、公共部门等，在教育、公共卫生、环境管理等方面进行"弹性就业"。

三、逆全球化和未来就业

新型冠状病毒感染对人类的生活、工作和行动产生深远影响，并将对就业、经济活动的地点、教育和社会态度产生持久影响，但疫情未必是"历史转折点"。全球化在一定程度上是交通和通信

---

① 中国启动新的国家数据中心战略，将从东部发达地区收集的数据发送到西部数据中心进行运算和存储，即"东数西算"。全球对包括数据中心在内的数字基础设施需求与日俱增，人们更多依赖互联网，包括使用各类App实现居家办公、在线网购，以及获取娱乐、教育、医疗服务等，在贵州、内蒙古、甘肃、宁夏等可再生能源丰富，气候、地质等条件适宜的区域布局数据中心，有助于降低能源成本，匹配实现碳中和。

技术变革的结果，这种变革不大可能停止，人类旅行和通信的方式可能会改变，但世界不会变成虚拟状态①。所以，人类必须从长远考虑作出适应和变革。

1. 逆全球化下的产业链布局

全球供应链布局将呈现两种趋势：一方面，某些经济体更加重视自身供应链的完整性和自主可控性，进而促使某些供应链区域化集聚；另一方面，出于分散风险的考虑，将多元化布局供应链，这些趋势都是供应链布局的演变而非终结。新型冠状病毒感染将加速区域一体化趋势，推动全球供应链的回归或多样化，避免过长、过于集中某地。亚洲将会出现"供应链去中心化"，即供应链区域化，在欧洲和其他区域也将如此，如果出现"供应链去中心化"，企业成本将会上升，面临供应链风险，即便企业从经济上更愿意在中国生产，但考虑到地缘政治因素，企业或将在越南等国家建立辅助工厂，实现政治对冲，进而确保正常运营，这将是众多跨国公司需要遵循的逻辑。

2. 链接区域性产业链是新出路

未来若干年，在新型冠状病毒感染中得到强化的加强政府行

---

① Joseph S. NYE JR. COVID-19 Might Not Change the World, Oct 9, 2021, https：//foreignpolicy.com/2020/10/09/covid-19-might-not-change-the-world/.

动、退出超全球化和增长率降低的三种趋势将塑造全球经济①。一是市场与政府之间的关系将朝着倾向于后者的方向重新平衡，新型冠状病毒感染凸显了市场应对能力不足的问题，以及政府在应对危机和治理能力方面的优势。二是"超全球化"将被取代。退出超全球化可能导致世界沿着贸易战升级和民族主义兴起的道路走下去，严重破坏全球经济前景，世界需要构建一个更加合理、侵入性较弱的经济全球化模式。三是经济增长下降已成必然趋势，全球必须探索新增长模式。发展中国家将不得不依赖新的增长模式，而濒临破产的国家，如果没有外部资源的持续注入，前路依然未知，如何链接上区域性产业链或许是个出路。

国际生产转型不是简单的"去全球化"或是全球化进一步加深的过程，而是两者的综合体。如汽车、电子产品、纺织服装等是以效率为导向的全球价值链型产业。在国际生产转型中，这些行业将从全球价值链转变为区域价值链生产；而农产品加工、旅游、物流等行业需要更加贴近市场和客户，需要更多地遵循本地化的发展路径。当然，制造业和服务业间存在差别，部分制造业将由全球化转向区域化，但受新技术驱动，很多服务业将更加全球化，内部分工会更加细化，服务外包也将更加普遍。总体上看，制造业全球价值链将会减少和缩短，与其相关联的贸易以及效率

---

① Dani Rodrik, Making the Best of a Post-Pandemic World, May 12, 2020, https：//www. project-syndicate. org/commentary/three-trends-shaping-post-pandemic-global-economy-by-dani-rodrik-2020-05？barrier=accesspaylog.

导向型跨国投资也将减少①。

3. 全球就业变革浪潮的到来

将有更多的国家面临更加严峻的价值链攀升压力和人口老龄化压力，实现国家发展和福祉提升也将变得更加艰难。在中国，拥有大专及以上文化程度的人口占比显著提升，从 2010 年的 8.93%跃升至 2020 年的 15.47%，领先于许多发展中国家，但年轻劳动力对工厂工作的兴趣仍在不断"消逝"。重复性的人工岗位将被更高技能工作取代，人工智能和先进技术将推动工厂进行人工劳动的自动化、机器人化和数字化替代。劳动年龄人口减少和老龄化将对产业结构产生深刻影响，技术进步将以比人口结构变化更快的速度取代人工劳动。新型冠状病毒感染叠加人工智能等将对全球就业市场带来结构性、阶段性甚至是长期性的影响。长期的大批人员失业可能与 20 世纪 30 年代大萧条时期的规模相当，这将是未来 30 年全球必须面对的重大的社会和政治挑战。

4. 替代人和取代人

使用机器替代人工将会更加普遍，取而代之的是机器人和精通数字技术的远端操作员与工程师，由于人作为劳动力存在各种不稳定、不确定因素，生产商更倾向于采用自动化来替代劳动者，

---

① 凌馨，康希.国际生产体系十年内将深度转型［N］.参考消息，2020-06-22 (11)．

这意味着在缺少政策干预的情况下，市场将更加倾向于加速自动化进程。2015 年之后，家电制造巨头美的为实现转型已投入 40 亿元，效率提升 62%，用工减少 5 万人，以往需要 16 个人完成的工序在转型后仅需 4 人即可。但这样一来，创造就业机会变得更加缓慢，将造成深层次的社会经济影响，甚至引发社会不满情绪。因此，必须区分节约劳动力和替代人力的技术，在加强自动化技术与高水平劳动力互补的同时，尽可能保护好弱势群体，减缓机器人对低资质、低门槛行业从业者的不利影响，避免弱势或低技能群体只能"徘徊"在失业或低质量、低薪酬工作之间。

就业变革意味着未来工作的到来。到 2030 年，机器人将会替代接近 2 亿个传统人工岗位，政府、企业必须在人工和机器之间寻找平衡点。全球化企业将使用智能技术而不是人工负责数据录入、财会和管理工作，创造就业将放缓，岗位消失将加速。但在康养护理、人工智能、云计算、产品开发、绿色经济以及内容创造等领域，将创造 2 亿个左右顺应发展趋势、符合时代要求的新就业机会，最可能被人工智能及机器自动化代替的工作职位包括数据输入员、会计、记账员、工资结账员、行政助理，其中 21% 来自金融服务领域、19% 来自汽车行业，还有 20% 来自采矿和金属行业。在涉及管理、咨询、决策、推理、沟通以及互动等因素的领域中人类仍将保持相对优势。对于能从事绿色经济、尖端数据和人工智能等工作，以及承担工程、云计算和产品开发等方面的劳动者，用工需求将持续增加。未来的新就业岗位要求人们具备新技能，谁及时掌握，谁就不用担心失业。

5. 绿色岗位将成为重要就业空间

2018 年，国际劳工组织发表《2018 年全球就业和社会展望：绿色就业》报告，提出实施《巴黎协定》中将 21 世纪全球平均气温上升幅度控制在 2℃以内的措施意味着到 2030 年创造 2400 万个就业岗位，能够抵消因生态转型而可能消失的相同数量的工作岗位，可再生能源和能源转型的其他方面都将促进新的职业和专业岗位的蓬勃发展。到 2050 年，全球范围内能源业相关的就业岗位将从 2021 年的 1800 万个增加到 2600 万个，其中 84% 在可再生能源领域，11% 在化石燃料领域，5% 在核能领域，可再生能源领域的就业岗位将增加 5 倍，从 2021 年的 440 万个增至 2200 万个，其中，85% 以上将来自风能和太阳能领域。风能、太阳能等可再生能源行业就业增量将远远超过石油、天然气和煤炭行业的岗位减少量，化石燃料行业的工作岗位将从 1260 万个锐减到 310 万个，其中约 80% 的工作岗位与石油、天然气和煤炭开采相关[①]。化石燃料依赖度高的国家将面临相关领域失业率上升的压力，必须抓住可再生能源发展向好的未来趋势，大力推进可再生能源及设备制造等，创造更多的就业机会。

6. 教育和培训模式变革将更加紧迫

与就业变革相适应的是教育模式变化和灵活学习贯穿于一生。

---

① 仲蕊. 可再生能源就业岗位 2050 年将增加五倍［N］. 中国能源报，2021-08-12（6）.

人们将拥有更多的学习模式，教育将从19世纪的工厂模式转变为新的模式，学生们有可能在乡下农场中学习，也有可能在社区学校中学习，这些新的教学方式将通过网络课堂和面授相结合的方式得到进一步增强。另外，现有从业者必须进行更多的进修和继续教育，以德国为例，到2030年德国将有650万从业者必须接受进修，甚至有400万从业者需要接受转行培训。在未来的就业市场，人们一生中需要取得两到三个重要的结业证书和资格证书，微型证书将成为一种趋势，可以帮助人们学习新技能和新知识，未来教育和培训将呈现"岗位要求+实际需求+临时学习"的特征。知名的商学院和研究院也将适应甚至是引领趋势发展，越来越多地提供能够在几周内完成的课程。

四、办公模式和弹性工作

人类社会在经济、政治、贸易、办公和活动模式等方面都将发生新的转变。5G实现了数字媒体的随时随地消费，远程医疗、远程工作、社交距离、网上购物、数字银行等诸多方面都体现出生活方式的改变。2030年前，6G将使感官互联网成为现实。这意味着人们将能够利用五感（不局限于视觉和听觉）来体验互联网应用，住宅、办公室、工厂和城市将被呈现在一张时刻更新的互动地图上。

1. 办公模式将发生显著变革

一直以来工作和家庭之间的界限始终是模糊的，新型冠状病毒感染使更多工作岗位从实体场所流失或转移，工作和家庭的界限愈发消失。与此同时，白领和一线工作者（如杂货店店员、公交车司机、送货员）之间的明显差距不断显现。在疫情期间，近半数高学历者在远程办公，而超过90%的高中及以下学历者不得不去上班。新型冠状病毒感染使远程办公得到更大的普及，远程办公软件也日臻完善。数字化必将对办公模式带来革命性影响，办公室将成为来自"前数字时代的一种过时的形式"，100%的远程工作可以令招聘多样化，员工可以在任何地方工作，进而扩大人才库，提高工作效率。到2028年前，三维全息虚拟技术将实现商用化、规模化应用，人类可以通过VR、AR技术进行远程交流、网络购物等，视频通话将成为一种落后的模式，办公模式将呈现巨大的变革。混合办公，即一周内有几天到岗办公，有几天远程办公，这种模式将成为办公室新常态。根据纽约市伙伴关系组织发布的一项涉及330家企业、超过100万员工的调查结果，在曼哈顿办公室的从业者中，每周到岗工作5天的比例只有8%。与此同时，在全部工作日都远程办公的人占到28%。而超过60%的人采用混合模式，11%的人每周到岗工作4天，17%的人3天，21%的人2天，还有14%的人每周到岗1天。这样的趋势下，强迫员工全日制定点定时甚至是"打卡式"的工作将迫使员工跳槽甚至是转行。当然，远程办公也有其局限性，例如员工与同事和公司的隔离、岗位责任意识、头脑风暴激发创造力的效果等，但这些可以通过团队的定期聚合和不断完善升级的信息技术得到改善。数字化变革背景下，任何一个被传统的无效率、无意义会议模式所牵绊的企业终将在激烈的市场竞争中丧失原有的优势地位，这一点从亚马逊的开会模式可以明显看出①。还有一个问题，就是传统办公楼或写字楼市场将不被看好，未来这一市场的变革必将发生。

2. 期待更加弹性的工作制

4 天工作制必将到来。2020 年 8 月，欧洲最大的行业工会——德国金属行业工会提议推行为期 4 天的工作周，认为企业减少 1 周工作天数可以帮助防止大规模裁员，用缩短工时代替裁员，由此可以保留专业人员并节省裁员成本，符合公司的长远利益。实际上，已经有不少国家试行每周 4 天工作制。2019 年 8 月，微软日本开展了"2019 夏日工作生活选择挑战"工作改革计划，微软日本的 2300 名正式员工，在 8 月的周五都可以休息，也不占用原本的带薪年假。因为上班时间短了，原本繁多的会议被削减了不少，还有一些会议时间缩短，"30 分钟会议"得到推崇，并且把原来需要出差去开的会，改成了远程会议。最终的结果显现，相比往年，8 月的工作日减少了 25.4%，打印用纸减少了 58.7%，办公室的用电量减少了 23.1%。但公司销售额大幅增加，比上一年同期增加了 39.9%。值得关注的是，为了让员工多干活，中国科技公司的

---

① ［日］佐藤将之. 贝佐斯如何开会［M］. 张含笑译，万卷出版公司，2021.

老板们选择让员工996①、大小周；而以"过劳"闻名的日本，以勤劳闻名的德国，资本家们已经把员工的工作时间缩短到"954"。在新西兰成立的营利性组织"全球4天工作制"开展的大量研究表明，4天工作制可以提高工作效率、降低公司开支和提升员工幸福感，其中78%的员工表示快乐感提升、压力降低、63%的企业发现更容易吸引和留住人才。冰岛试行的每周4天工作制取得"压倒性成功"，包括警察、医护人员、商店店员、教师和议会工作人员等在内约占冰岛劳动人口1%的2500多名员工参与新工作制度试行，从每周工作40小时减少至35小时或36小时，在更短的时间内获得同样数额的报酬，员工能更好地安排个人生活，追求个人爱好，试验促使冰岛各个工会开始重新协商工作模式，有86%的工人已经通过谈判签订永久性缩短工时的劳动合同。英国开展的4天工作制试验证明减少工作时间，有助于提高员工福利，且还能保持甚至提高员工生产力，到2022年底，英国已经有100多家企业与员工签订了永久性合同，在不减薪的情况下允许员工每周只工作4天②。5天工作制是早期经济时代的"后遗症"，4天工作制有助于提高生产效率、激发社会效能，将是人类工作制最具变革性的举措之一。为应对疫情影响和释放消费潜力，中国的很

---

① 中国国家统计局的数据显示，目前科技行业从业人员每周工作70个小时左右，比全国46.7个小时的平均水平高出50%。

② "每周4天"基金会在2022年6月发起了"100-80-100"试验，牛津大学、剑桥大学和波士顿大学的学者参与其中，其目标是保持100%的工资，将工作时间减少到80%，并确保100%的生产力。

多地区都提出探索实行4.5天弹性工作制，但并没有得到执行，效果没有得到体现，在国内国际双循环全面促进消费的背景下，以更大力度推行4.5天弹性工作制甚至是试点4天工作制或许将会产生出乎预期的作用和效果。韩国政府将允许人们把每周加班时间攒起来以换取休假时间，希望通过这类政策的实施为劳动力市场提供更多灵活性，能够在提高生产力的同时，鼓励人们组建家庭，促进人口和生育率增长。2023年1月，国际劳工组织发布《世界各地的工作时间和工作—生活平衡》报告，新型冠状病毒感染期间所推出缩短工作时间和更灵活的工作时间安排等措施，能够为经济、企业和员工带来好处，有助于改善工作和生活平衡，提高了生产力并为企业带来显著利益，而限制弹性工作则会带来巨大损失，报告强调从长期变化趋势来看，全球几乎所有可行的地方都应大规模推行远程工作，这将改变未来的就业性质。

工作到筋疲力尽绝不是美好生活的向往，我们对4天工作制充满期待！

粮食：

人类共同的问题

人类之所以能够在 18 世纪之后实现人口数量的爆发式增长，很重要的一点是粮食问题得到了相当程度的解决。土豆、番薯、辣椒等农作物在明末清初进入中国，并逐步得到大规模种植，尤其是土豆具有抗干旱生长快淀粉含量高的特点，加上早前已经进入中国的玉米[①]，都为人口的快速增长提供了粮食基础。通常情况下，人类要么是需要应对诸如干旱带来的供应冲击，要么是应对经济衰退带来的需求冲击，新型冠状病毒感染导致全球粮食供应网络运转不畅，同时很多人因收入减少而无力购买食品。根据联合国粮食及农业组织（FAO）预测，到 2050 年，全球粮食产量必须增加 70%，才能满足人口规模和人类生存，而目前全球已经有 26% 的非冻土被用于放牧，33% 的可耕地被用于生产喂养牲畜所需的饲料。

这个世界还有不少处于饥饿和营养不良的国家和人们。在发展中国家，大量在制造业、服务业、矿业部门工作的人都是依靠菲薄的收入过活，缺乏足够的储蓄，一旦失业则必然面临生计问题。根据国际粮食政策研究所的 2021 年全球饥饿指数（Global Hunger

---

[①]　玉米是 16 世纪中期传入中国的重要农作物，形成东南海路、西南陆路、西北陆路三条入境传播路径，东南海路完成的传播空间在国内占主导地位，且无论经由哪条路径，以移民为主要形式的人口流动是推动玉米在中国境内传播的主要动力。资料来源：韩茂莉 . 近五百年来玉林在中国境内的传播［J］. 中国文化研究，2007（1）.

Index，GHI)① 显示，到 2030 年之前，全球尤其是其中 47 个国家可能还无法实现"低"饥饿水平，而地区冲突、气候变化、疫情扩散等都是导致全球粮食安全不断恶化的重要原因。

一、粮食产需缺口不等于粮食危机

世界对粮食安全（或者食物安全）的普遍定义是：在任何时候和任何情况下确保每个人获取充足全面平衡营养的食物。粮食安全所指的粮食是大食物口径的，包括谷物、薯类、豆类、食物油、肉蛋奶、水产品、蔬菜和水果等各类食物。随着人们生活水平的提高和饮食结构的改善，其带来的粮食产需缺口扩大也是较为正常的现象。新型冠状病毒感染期间，依赖粮食进口的最贫困国家受到的影响更大，但全球粮食储量足够满足全球所有人的需求，危机更多是与交通有关而非生产，即便是像法国这样的发达国家，其粮食出口行业也面临劳动力与卡车缺乏的问题②。

自 20 世纪 60 年代以来，全球人均粮食产量增加了 40% 以上，2021 年，全球受饥饿影响的人数达到 8.28 亿人，粮食短缺问题愈发严峻，受战乱、气候异常、经济波动等因素影响而面临粮食短缺的人口增多。武装冲突是粮食危机的主要原因，超过 70% 的人

---

① GHI 分值由人口营养不良比例、5 岁以下消瘦儿童比例、5 岁以下发育迟缓儿童比例、5 岁以下儿童死亡率四个指标构成。

② 全球数亿人面临粮食匮乏风险［N］. 参考消息，2020-04-05（6）.

口生活在饱受暴力蹂躏的地区，且这个数字还可能不断上升。2022 年 5 月，联合国粮食及农业组织发布报告，2021 年全球约有 50 多个国家遭受粮食危机，人数接近 2 亿人。非洲是受饥饿影响最严重的地区，饥饿人口占总人口的 19.1%，是亚洲（8.3%）与拉美和加勒比地区（7.4%）的两倍多。如果这种趋势持续下去，预计到 2030 年全球仍将有近 6.7 亿人（占世界人口的 8%）面临饥饿，非洲人将占据全世界长期饥饿人口的一半①。全球现有农业用地能够养活近 200 亿人，这也是地球"喂养能力"的极限，还需要使用大量的氮肥，这将对全球生物多样性和气候变化带来更加严峻的挑战②。人类目前的粮食系统只能供 30 亿人过上可持续的生活，但通过改变种植作物以及种植场所，就能够供养 80 亿人，减少肉类消费和食物浪费将可以使这一数字增加到 100 亿。

全球粮食系统是由遍布海洋和大陆的供应网连接构成的体系，可以将地中海橄榄油、加州杏仁、乌克兰小麦、印度大米、西非可可和巴西大豆等带到世界各地的市场，咖啡是仅次于原油的全球第二大贸易商品。长远来看，由气温上升所推动的持续干旱和历史性热浪将对粮食系统产生破坏性影响。40 年来最严重的干旱使大约 1800 万人难以找到足够的食物，数千万人面临不同程度的粮食无保障，虽然战争冲突、管理不善或腐败等也是影响因素，

---

① FAO, IFAD, UNICEF, WFP and WHO. 2022. The State of Food Security and Nutrition in the World 2022. https：//www. fao. org/3/cc0639en/online/cc0639en. html.

② 氮肥的生产和过度使用将造成严重污染，水生系统中过量的氮将助长有毒藻类，在河流和沿海地区造成死亡区。氮肥发生反应后将形成具有强大温室气体效应的一氧化碳，其升温能力是二氧化碳的 300 多倍。

但气候—食物关系对于中东和北非地区的未来仍将产生关键影响，中东和北非地区拥有世界 6.3% 的人口，但该地区可更新淡水资源仅占全球的 1.4%，成为世界上最缺水的地区[1]。

随着世界人口的增长和人类福利的提高，未来 30 年的粮食产量必须增加 30%~70%。与此同时，必须以保护环境和抵御气候变化的方式生产需求量极大的粮食，如果要取得成功，就必须彻底改革生产粮食的方式[2]。人工智能、机器人、基因工程、微藻生产和垂直农场、人造食物等技术正在孕育迸发，还有诸如不需要人工肥料的固氮谷物、可生物降解的聚合物以及为动物饲料和食品培育昆虫等正在测试和调整的技术，将其应用于从农田到餐桌的粮食全链条，有助于人类解决粮食这一全球性问题和挑战。同时，近年来多年生水稻已经在许多国家得到推广，包括乌干达、科特迪瓦、老挝、缅甸和孟加拉国等，当地的农民不必每季都重新种植，节省了大量劳动力和成本。

中国粮食生产与消费（产需）缺口已经成为常态。近年来，中国粮食连年丰收和口粮生产连年有余，但每年净进口粮食都超过 1 亿吨，表明中国粮食生产能力很强但粮食产需缺口仍然较大。根据《中国农村发展报告2020》，到"十四五"期末有可能出现 1.3 亿吨左右的粮食产需缺口。中国是泰国大米的主要出口国、是巴西大豆

① Afshin Molavi, Food insecurity heats up with rising temperatures, Asia Times Online, August 29, 2022, https：//asiatimes. com/2022/08/food-insecurity-heats-up-with-rising-temperatures.

② Mario Herrero, Innovation can accelerate the transition towards a sustainable food system, May 19, 2020, https：//www. nature. com/articles/s43016-020-0074-1.

的最大进口国，2022 年，中国粮食进口量为 14687.2 万吨（同比降低 10.7%），其中大豆进口量达到 9652 万吨（同比下降 5.6%），是中国最依赖国际市场的农产品①。从表面来看，是巴西、美国、阿根廷等国家掌握大豆的出口端，中国和欧洲两大经济体掌握进口端，但事实上，出口端和进口端的贸易活动并不是这些国家和地区，而是跨国粮商②。秉持"防患于未然"的理念，新型冠状病毒暴发之后，中国从全球各地进口更多的大豆和玉米、高粱和冷冻食品。当然，过度依赖粮食进口则会增加粮食安全风险，相比国内粮食生产，进口粮食受影响的因素也更多、更复杂，战争、冲突、摩擦、制裁、限制甚至禁止国际贸易等都会影响粮食进口。为了发挥粮食进口对改善粮食安全的积极效应，除确保国内粮食生产能力和不能过度依赖粮食进口外，还必须推动粮食进口多元化和全球粮食安全治理，有效管理粮食进口风险和降低粮食安全风险。作为全球第二大玉米生产国（仅次于美国），中国所拥有的玉米占全球玉米库存的 60% 以上，但库存并不代表优质的供给③。

---

① 自 1961 年开始，中国从粮食净出口国转变为粮食净进口国，粮食进口总量从 1961 年的 581 万吨增加至 1990 年的 1372 万吨，1990 年大豆进口仅为 0.1 万吨；到 2000 年，全年粮食进口增长至 1356 万吨，大豆进口量突破 1000 万吨；2010 年全年粮食进口量达到 6695.3 万吨，大豆进口量达到 5479.7 万吨。

② 英国《卫报》曾在报道中以"ABCD"形容全球四大粮商——ADM、邦吉（Bunge）、嘉吉（Cargill）和路易达孚（Louis Dreyfus）。这些历史可以追溯到 100 年甚至 200 年前的农业巨头，凭借资本与经验的优势，已经在全球形成对上游原料、期货、中游生产加工、品牌和下游市场渠道与供应的控制权。

③ Sal Gilbertie, China Food Crisis? Rising Domestic Prices And Large Import Purchases Send A Signal, Jul 28, 2020, https：//www.forbes.com/sites/salgilbertie/2020/07/28/china-food-crisis-rising-domestic-prices-and-large-import-purchases-send-a-signal/#39db03f1bcb.

粮食安全问题已经成为中国的"国之大者"，不仅如此，全社会正在持续开展有望改变中国传统餐饮习惯和餐饮浪费问题的全民行动。

非洲所面临的粮食危机最严重也更为复杂，且受到自然灾害、武装冲突和突发疫情等多重影响，人口的持续增长将进一步加剧非洲多国粮食短缺问题。刚果、也门、南苏丹等非洲国家面临着全球最严重的粮食危机。非洲人口最多的国家尼日利亚，粮食生产受到物流运输不畅的影响，农产品无法及时进入市场，国内农作物和生产能力被浪费，尼日利亚大米进口量至少占其消费总量的 1/3，而在整个撒哈拉以南非洲地区，各国大米消费约 40% 依赖进口。2020 年，70 年来最严重的蝗灾重创非洲粮食供应，直接导致东非近 500 万人面临饥饿。

二、食物浪费：必须得到彻底改变

根据联合国粮农组织的数据，全世界生产的食物中有 1/3 至一半最终被浪费，因种植、运输和配送这部分食物所排放的碳都是无效的，全球二氧化碳排放量约 8% 与食物垃圾有着直接关系。欧洲每年有 8800 万吨食物最终在垃圾填埋场中腐烂分解，根据丹麦农业部的数据，该国每年约有 70 万吨食物被丢弃，主要来自家庭（占总量的 36%）和超市（占总量的 23%），新鲜水果和蔬菜占被浪费食物的 41%，而这些食物通常是从南欧或世界其他地方进口的，价格不菲且造成大量二氧化碳排放。与丹麦人口规模相当的新加坡 2019 年所产生的食物垃圾也达到了 74.4 万吨（2021 年下降到 66.5 万吨）。

食物浪费包括损失型、丢失型、变质型、奢侈型、时效型、商竞型和过多食入型七种类型，前三种主要存在于食物生产环节，后四种主要存在于食物利用环节。食物浪费有着特殊原因，通常与富裕程度、生活水平、国民素质甚至是餐食习俗（如围桌聚餐）等都有关系。不同代际的人也有不同，经历过战乱、饥荒的人，对粮食就特别珍惜。针对食物浪费现象，很多国家通过加强立法、普及节约意识教育、民间力量参与等方式，引导形成健康文明的消费和生活习惯，越来越多的人身体力行节约食物①。

1. 中国：遏制"舌尖上的浪费"

1984 年，中国宣布基本解决城乡人民的温饱问题，2022 年，中国粮食总产量达到 68653 万吨，实现"十九连丰"。根据中国国家粮食和物资储备局的统计，每年仅在粮食存储、运输和加工环节造成的浪费就高达 700 亿斤，每年浪费掉的粮食约占总产量的 19%，蔬果等容易变质的食物，浪费比例更高②。同时，餐饮浪费现象严重。早在 2013 年 1 月，中国最高领导人就新华社《网民呼吁遏制餐饮环节"舌尖上的浪费"》作出了批示，指出"浪费之风务必狠刹"。2018 年，中国科学院和世界自然基金会联合发布的

---

① 许心怡. 节约粮食，一种生活习惯［N］. 人民日报，2020-09-01（18）.
② 刘广伟. 制止粮食浪费刻不容缓［N］. 环球时报，2020-08-13（15）.

《中国城市餐饮食物浪费报告》显示，中国餐饮业人均食物浪费量为每人每餐93克，浪费率为11.7%，仅2015年中国城市餐饮业餐桌食物浪费量就在1700万~1800万吨，相当于3000万~5000万人一年的食物量，其总计关联价值可能超过了1000亿元。虽然估算标准和结果存在的差异很大，但有一点是可以肯定的，那就是"舌尖上的浪费"是非常大规模的①。中国发起了"光盘行动"，餐馆被要求向消费者提供打包剩菜的外卖盒，提供小份量饭菜。中国禁止社交媒体平台传播"吃播秀"和"大胃王"视频，制作或传播大吃大喝视频的博主和相关平台面临高额罚款。遏制"舌尖上的浪费"在中国也将是一个长期的问题。

2. 日本：从立法着手减少浪费

日本国土面积小、山地丘陵多、平原耕地少，2021年日本食物自给率只有38%，必须依靠大量粮食进口，但即便如此，日本依然存在大量食物浪费。根据日本农林水产省和环境省的统计和推算，2018年日本的食物浪费量约为646万吨②，相当于东京都1380万人口一年消耗的食物总量，其中食品和餐饮业产生的浪费约为357万吨，一般家庭的食物浪费约为289万吨。随着全球粮食危机和环境问题加剧，日本越来越重视食物浪费问题。

---

① 食物浪费中除了一般的蔬菜、水果等之外，还有不少较高价值的食物，以及因制作食物所产生的关联浪费，1000亿元是一个非常保守的估值。

② 2019年，日本食物浪费约570万吨，是2012年以来最少的，2020年，日本食物浪费量下降到522万吨。

2001 年，日本就实施了《食品循环法》，要求食品生产企业减少废弃物排放，尽可能进行循环再利用，要求从食品生产、制造、销售及消费等各个环节减少浪费。日本政府从 2012 年开始统计食物浪费量，并通过官方和民间教育宣传，呼吁减少浪费。日本接连出台推进减少食物浪费和加强循环利用的法规，2018 年 6 月，日本政府通过《第四次循环型社会形成推进基本计划》，2019 年 7 月颁布《促进食品循环资源再生利用法》，设定了到 2030 年将废弃物减少至 2000 年（547 万吨）一半的目标。2019 年 10 月，日本开始实施《食物浪费削减推进法》，并于 2020 年 1 月设立了"食物浪费削减推进会议"，指导消费者和食品、餐饮业减少食品浪费，推进"食物银行""儿童食堂"等公益项目。此外，越来越多的日本便利店尝试运用人工智能系统分析以往销售数据，进而增加销售额、减少食品浪费，例如日本大型连锁便利店罗森利用人工智能系统，实现毛利润增长 0.6%，浪费成本下降 2.5%。

3. 新加坡：政府与社会共同发力"食物垃圾"

新加坡国土面积 728.6 平方千米，仅有不足 1% 的土地能够用于生产食物，90% 的食物依赖进口，很容易受到粮食短缺和价格波动的影响。食物安全对新加坡而言是一个生存问题，作为资源有限但却与全球紧密相连的城市国家，新加坡很容易受到供应中断和外部冲击的影响，新加坡甚至将多层停车场、屋顶变成城市农场，以便满足社区居民的需求①。食物垃圾是新加坡最大的垃圾来源之一，在新加坡家庭每天所丢弃的垃圾中，约一半是厨余垃圾，为处理大量食物垃圾，新加坡将建设更多废物处理设施，如将废物转化成能源的工厂和垃圾填埋场等，但这对于土地稀缺的新加坡而言难以持续。同时，食物浪费意味着新加坡需要进口更多食物。2015 年 11 月，新加坡环境局启动了减少食物浪费推广计划，鼓励公众养成合理购买、储存和制作食物的习惯。越来越多的新加坡非政府机构开始关注食物浪费问题，成立于 2003 年的"善粮社"旨在帮扶社会中缺少食物的弱势群体。食品银行则大力推动商家和民众把不需要但未开封、未过期的食品捐出来，提供给有需要的人。新加坡规定从 2021 年起，新的大型商业和工业场所内必须部署食品废物处理系统，并在 2024 年起对食品废物进行分类处理。新加坡提出了"30·30"愿景，即在 2030 年本土供给能够满足本国 30%的原产食品需求。

4. 法国："反食品浪费"商店

根据法国生态转型和团结部的数据，法国每年浪费的食物商业价值估计为 160 亿欧元，其中有高达 10%的产品被超市分销网络淘汰。2016 年 2 月，法国推出《反食品浪费法》，成为全球首个专门制定法律来制止食物浪费的国家。2018 年，巴黎成立首家"反

---

① 2022 年新加坡有约 240 个城市农场，能满足全国每年 10%的食物供应。资料来源：赵益普. 新加坡积极发展城市农场［N］. 人民日报，2022-12-06（17）.

食品浪费"商店，目前已经开设了24家"反食品浪费"商店，在这些商店，消费者能够以较低价格买到临期、退货或包装破损的食品，以及形状不佳的蔬果等食物。商店希望通过"回收来自传统分销渠道的产品"来减少食物浪费。这些商店与大型超市、批发市场、菜市场等供应商合作，购买不符合大型零售商标准的商品，例如包装有缺陷、尺寸不佳或临期商品，以低于常规的价格在商店中售卖。这类商店食品价格平均要比普通超市便宜20%～30%。"反食品浪费"商店的销售模式为消费者提供了更加实惠的选择，越来越多的法国民众在"反食品浪费"的实体商店、网络平台、应用程序上消费，节约了生活成本，也减少了食物浪费①。

5. 无论是食品银行还是"反食品浪费"商店，都与临期食品相关

临期食品指的是即将到达保质期但仍在保质期内的食品，通常以较大折扣低价出售，对渴望增加储蓄的消费者具有吸引力。预计该行业的市场规模将从2021年的318亿元增长到2025年的401亿元（约合63亿美元），年均增长6%。销售渠道的创新也促进了临期食品市场增长，从超市、便利店销售到网上平台销售，催生了专门销售临期食品的商业模式②。中等收入群体是最常见的临期

---

① 刘玲玲. 法国"反食品浪费"商店受欢迎［N］. 人民日报，2022-04-18（16）.

② Mia Castagnone, China's food security concerns boost soon-to-expire trend, industry set to be worth US $6 billion by 2025. South China Morning Post, Mar 20, 2022, https：//www. scmp. com/economy/china-economy/article/3170985/chinas-food-security-concerns-boost-soon-expire-trend.

食品消费者，他们通常会购买零食、面包、糕点和乳制品。在这类消费者中，半数以上的人每月都会购买临期食品，近80%的人愿意向其他人推荐临期食品。

6. 在避免食物浪费过程中，将孕育和形成一批具有科技含量的创新型企业

荷兰一家名为"三分之一"的初创企业，基于牛油果成熟窗口期非常短的特征，为超市专门设计牛油果扫描仪，这种扫描仪利用光学传感和人工智能技术来检测判断牛油果的成熟度，然后在屏幕上显示出牛油果内部是依然坚硬还是可以食用，该公司与供应链上的种植者、分销商和其他方面合作，以便预测牛油果、西红柿、草莓和蓝莓的保存期，同时还将进一步扩大检测判断更多农产品成熟度的能力，以帮助减少世界各地浪费的食物量。荷兰的初创企业奥比斯克公司，则通过追踪食物浪费的发生地点和时间，以便帮助餐厅减少食物浪费。

三、植物工厂：或将改变农业模式

植物工厂是一种通过设施内高精度环境控制实现作物连续生长的高效农业系统，由计算机对作物生育过程的光照、温度、湿度、二氧化碳浓度以及养分等进行自动精准控制，不受或很少受自然条件制约的省力型生产方式①。植物工厂作为技术高度密集的产业形态，涉及工程材料、环控装备、智慧决策以及辅助机器人等核心技术，是现代设施农业的最高级发展阶段，植物工厂的种植效率是传统种植方式的 60 倍左右。"植物工厂"能避免天气变化造成的影响，用水更少，不需要杀虫剂，可控的环境让农作物具备高质量、高产量，可以根据零售商甚至终端客户的需求来"订制产品"，不管什么时候都可以下单"季节蔬菜"。植物工厂靠近城市和消费市场，可以种植高价值的绿色蔬菜和草本植物，以及番茄、辣椒和浆果等，能够显著减少运输成本和排放。当前，全球食物工厂呈现极为活跃的发展态势，2020 年全球室内垂直农业市场规模已达 323 亿美元，鉴于植物工厂资源高效利用、技术高度密集以及吸引新生代劳动力等特征，世界各国将植物工厂作为未来农业发展的重点方向②。

当然，成本高昂是"植物工厂"发展面临的最大问题，所必需的气候室成本是同等面积玻璃温室的 3 倍左右，且 24 小时照射的 LED 生长灯同样成本高昂，较之于传统农业而言，前期投入与运营经费是后者的几倍。同时，"植物工厂"对农民要求较高，不仅要懂耕种，还要有丰富的植物学与环境科学知识。由于各种成本较高，所种植的蔬果价格也是市面上同类产品的几倍。但随着各项成本压缩、栽培技术不断积累以及实施规模化经营，未来通

① 杨其长.植物工厂［M］.清华大学出版社，2019.
② 李清明等.国内外植物工厂研究进展与发展趋势［J］.农业工程技术，2022（10）.

过大数据和人工智能，植物工厂所生产的各类蔬菜包括水果的价格将进一步下降，植物工厂卫生安全、便捷、品质稳定等将得到更多消费者的认同，市场接受程度和发展空间也将进一步提高。预计未来 15～20 年，植物工厂的存在感和空间度将会持续扩大，并在全球得到更大规模的推广。

目前，全球"植物工厂"大体分为两种类型，一种是以日本为代表的精细化种植工厂，另一种是以荷兰为代表的大规模种植的工厂。

1. 日本：精细化植物工厂

日本最早在 20 世纪七八十年代开始兴起"植物工厂"，当时日本处于产业升级换代阶段，人口老龄化导致种地人越来越少，而日本的粮食自给率仅有 38%，2020 年日本农业从业人口不足 170 万，且平均年龄达到了 68 岁以上[①]。依赖高度机械化、发展智慧农业成为日本农业的必然选择。日本的植物工厂数量和发展水平均居全球前列，到 2021 年，日本有 400 余座"植物工厂"，世界最大的 15 家植物工厂都在日本。日本连锁便利店全家与株式会社 Vitec Vegetable Factory 合作，在日本国内 16000 多家店里，出售由"植物工厂"蔬菜制成的三明治。东京电力集团、富士通、松

① 1995～2010 年，日本农业人口从 414 万下降到 239 万，在 2020 年 170 万农业从业人口中，60 岁以上占 75%，70 岁以上占 50%。根据日本政府预计，到 2035 年，日本农业从业人口将比 2018 年减少一半，且平均年龄将超过 75 岁，将需要更多来自东南亚国家的"研修生"。

下、夏普等科技巨头纷纷参与"植物工厂"建设，普通民众逐渐将"植物工厂"当成投资首选。根据日本富士经济调查公司的数据，日本每年有55万吨的生菜需求，"植物工厂"供货量在2019年约为1.7万吨，市场份额占3%左右。预计到2030年，供货量将达到6.2万吨，市场份额将超过10%。

2. 荷兰：大规模种植植物工厂

荷兰"植物工厂"已经进入量产及经常性供应阶段，引领荷兰农业进入4.0时代。目前，许多荷兰食品公司、大型超市、初创企业等积极参与"植物工厂"建设。荷兰"植物工厂"的兴起离不开许多头部公司的带动，包括气候室建设、种子育种到施肥、照明等诸多环节，荷兰的瓦格宁根大学是世界顶尖的农业和环境科学研究机构。荷兰的目标是在全国建立一张"植物工厂"网络，未来其产品将逐渐走进寻常百姓家，并走向欧洲和其他地区。此外，2022年7月全球最大的垂直农场在阿联酋迪拜开业，利用最先进的室内种植系统开发创新室内农业，解决由于极端气候导致的正常种植限制，用水量较传统农业减少95%，每年可生产超过100万千克的绿叶蔬菜。阿联酋的"垂直农场"，类似通过控制生长环境来生产蔬菜的"植物工厂"。

3. 中国：植物工厂发展最快的国家

中国第一个以智能控制为核心的植物工厂于2009年由中国农业科学院研发成功，并在长春农博园投入运行，2016年之后，中国植物工厂进入快速发展阶段，已拥有世界上最丰富的植物工厂类型，面积和规模均居世界前列，涵盖叶菜植物、药用植物、茄果类蔬菜、果蔬、育苗、组培植物和生物反应器等。在育种环节，中国和荷兰、日本等发达国家还有一定的差距。就育种方向而言，日本育种方向已经跨越追求温饱的阶段，更加追求口感风味，中国育种主要追求产量，但部分高消费群体更追求口感，"植物工厂"则重点针对这一群体。国内"植物工厂"软硬件不存在"卡脖子"技术，但要像荷兰、日本系统控制精度更高、设备寿命更长，还难以完全实现①。中国的植物工厂分为规模生产型、集装箱移动型以及家庭微型3种形态②，截至2021年底，中国共有各类规模的植物工厂272座，较2015年（64座）年均增长27.3%。随着中国城镇化的持续推进以及城乡居民对高品质生活的追求，并基于"植物工厂"的高效性、安全性等，预计到2030年前，中国植物工厂将突破1000座。

4. 城市农业值得期待

新商业模式下将孕育出类似城市蔬菜工厂、城市养鱼场等，城市农业将在全球许多大城市蓬勃发展。巴西是农业超级大国，生产全世界约10%的食品，但巴西仍有1900万人挨饿（2020年底），对最贫困家庭来说，购买食品越来越贵，巴西的里约市政厅

---

① 陈超. 多国"植物工厂"进入量产阶段［N］.环球时报，2020-10-17（4）.
② 乔文汇，纪文慧.植物工厂前景好［N］.经济日报，2023-03-30（12）.

为当地人提供种子、工具和每月 100 美元的补贴，鼓励人们在贫民窟中狭长地带的土地上耕种，并要求以低价出售一半农产品并捐献其余部分，这些城市菜园能以低至商店价格 1/5 的价格出售生菜和其他农产品。这样的趋势或许提示我们可以将一些城市绿地改变为城市菜园，既可以让人们获得更低价格的蔬菜，也让城市的孩子们有更多的农业体验。伦敦克拉珀姆（Clapham）由于人口稠密，无法发展传统农业，便向下探索，在地下 30 米的废弃防空洞内，利用水培系统、隔热设施和 LED 灯打造适合农作物生长的环境，并完全使用可再生能源维持系统运行。2013 年，负债累累的底特律市宣告破产，人口流失、治安恶化，留下来的居民从头开始重建城市，尝试了包括城市农业在内的各种探索，希望通过有机农业来振兴陷入荒废的城市。2019 年，丹麦哥本哈根决定在城市种植"公共果树"，每个人都可以免费食用，未来整个城市将变成一个可食用城市（Eatable City）①。同时，全球大约 40% 的农产品损耗在运往大城市途中，将农业直接融入城市，将改变从农场到餐桌的供应链模式，通过邻近生产和缩短运输距离来减少食物里程以及碳足迹。

5. 垂直农场将成为未来农业

垂直农场（Vertical Farm）是农作物生产方式的优化，通过将

---

① ［日］斋藤幸平．人类世的"资本论"［M］．王盈译，上海译文出版社，2023。

植物垂直堆叠在架子或高大的柱子上，单位土地面积的产量可以提高至原来的 10 倍[①]。垂直农场是进阶版的植物工厂，在蔬菜种植方面，垂直农场 1 平方米的产量与传统农业 50 平方米的产量相当，与传统农业相比，垂直农场的温室具有节水约 95% 且不使用农用化学品的优势，植物在全封闭条件下生长，不受天气和季节条件的影响，用 LED 灯代替阳光，通过人工调节白昼的长度和季节，可以实现常年收获并保证供应。垂直农场还可以使用机器人技术、人工智能和算法来收集数据，使整个种植过程实现自动化。垂直农场目前仅适用于绿叶菜和草莓等利润较高的小型植物，小麦和玉米等谷类作物由于长得太高，无法有效堆叠。未来，围绕垂直农业/垂直农场的投资将持续增加，到 2030 年，全球"垂直农业"产业规模将达到 200 亿美元以上。垂直农场非常适合极端气候地区和依赖粮食进口的岛国，未来可能会帮助人类解决移居月球或火星的食物问题。

6. 与植物工厂类似的是高科技温室

中国的蔬菜生产长期集中于一些特定地区，需要复杂的冷链物流网络将其运往大城市批发市场。2020 年中国的玻璃温室使用面积增长 28%，明显高于 2019 年的 5.9%。传统的塑料温室有助于保护农作物，但效率低。荷兰企业 Food Ventures 在上海崇明岛经

---

① Luis Villazon, Vertical farming: Why stacking crops high could be the future of agriculture, Science focus, Sep 24, 2022, https://www.sciencefocus.com/science/what-is-vertical-farming.

营的高科技温室在 2022 年 5 月首获丰收。受新型冠状病毒感染的影响和城市需求的增长，未来在大都市郊区将涌现出更多的高科技温室，利用高端技术管理灌溉、温度和光照系统，以在庞大且富裕的消费者群体"触手可及的地方"种植蔬菜，迫使生鲜食品业减少供应链的中间商，减少与买家之间的距离。未来高科技温室将在中国的大城市继续增多，从而进一步巩固中国作为全球头号蔬菜种植国的地位。

四、食物变革：人造肉和素食革命

随着全球人口的增多，对肉类的需求将持续增加，但由于传统肉类生产效率低、资源消耗高，并带来一定的健康和道德问题，肉类替代技术因此得到日益广泛的关注。根据《2021 年亚洲食品挑战报告》，到 2030 年，亚洲消费者在食品方面的支出将翻倍至 8 万亿美元，其中一大消费趋势为替代蛋白质食品如植物及培植肉①。未来的食物将是传统食物和新技术的混合体，将改变人类吃的内容和吃的方式，减少热量和环境足迹，将在动物和植物来源的产品之间实现更好平衡。用动物生产食物将被视为效率极低且是不必要的，将肉、乳制品和其他动物产品替换掉，将在水的使用、土地的使用以及潜在碳排放方面降低 80% 以上。未来食品的发展趋势是食品技术（FT）、生物技术（BT）和信息技术（IT）

---

① 《2021 年亚洲食品挑战报告》，https：//www.cnbc.com/2021/09/22/asias-food-spending-set-to-double-to-more-than-8-trillion-by-2030.html.

的高度融合①。转向植物基饮食对身体健康和地球环境都有好处，未来新食品将在人类饮食中占更大的比例，其中许多食品是依靠高科技方法在生物反应器中"培育"的动植物细胞。但消费者不愿改变饮食习惯的态度可能会推迟或阻止这种转变趋势。

1. 畜牧业排放占全球总排放的 14.5%，每年有 750 亿头动物被屠宰

随着全球人口的持续增长，联合国粮食及农业组织认为有必要将粮食的年产量增加到 30 亿吨，将肉类的年产量增加到 4.7 亿吨②。全球每年有 750 亿头动物被屠宰，畜牧业占全球温室气体排放的 14.5%，超过了各种交通工具排放的温室气体之和，全球 80% 的森林砍伐都是农业扩张（其中大部分产品用于畜牧饲料，而不是直接提供给人类）的结果。面对人口增长和畜牧业带来的温室效应加剧，预计水果、蔬菜、坚果和豆类的消费量将增加 1 倍，而红肉和糖等的消费量将减少 50% 以上③。在这样的背景下，用微生物在实验室培养人造肉大有可为。研究表明，培养皿产出同等质量的人造牛肉比养牛减少排放 94% 的污染物和大约 70% 的

---

① 未来食品产业主要有三大特点：一是变革传统食品工业的制造模式；二是使人类和地球更加健康；三是能够应对人类面临的食物挑战。资料来源：陈坚. 未来食品，营养美好生活［N］. 人民日报，2023-02-15（20）.

② 联合国经济和社会事务部. 世界人口展望（2019 年）.

③ Jessica Nieto, Laboratory-manufactured meat, vegan eggs, insects, algae…This is how innovation and sustainability will change our way of eating, Apr 24, 2022, https://www.elmundo.es/tecnologia/innovacion/working-progress/2022/04/24/6262bd6ffdddff37698b459a.html.

温室气体，用水量减少到一成，用地仅为传统农牧业的百分之一。调整食品结构是保证地球可持续发展和地球居民健康的关键，2035 年前人类应当逐步"减持"畜牧业并适应这种趋势，以在2100 年之前将二氧化碳排放量减少 68%，虽然人们对用人造肉取代餐桌上习以为常的肉类还存在接受度的问题，但肉类产业的革命已经启动，若干年后将成为现实①。

2. 从赞成消费到市场潮流还有一段较长的路

越来越多的人，尤其是年轻人将开始把食用动物肉视为完全史前时代的行为。一项针对韩国 1000 名 20～39 岁年轻人的调查显示，韩国 MZ 世代（1980～1995 年出生的千禧时代和 1995～2000 年出生的 Z 世代）中，近 70% 的人赞成消费人造肉，主要是出于对环保和健康的关注。如果大众市场消费人造肉，将不必再担心抗生素或瘟疫，因为人造肉不含任何激素或抗生素。从全球范围来看，人造肉市场仍处于发展初期，要想成为消费的潮流或是在消费市场占据一定的比例，还存在以下三个问题：一是消费者面对新事物时的怀疑和顾忌，尤其是肉食偏好者和肉制品业内人士；二是人造肉的口感和营养价值遭到质疑，由于人造肉更多的是肉饼形式，对"舌尖上的中国人"而言，要想利用人造肉做成红烧排骨、糖醋里脊、咕咾肉等美味，则可能非常困难；三是供应链不成熟和价格过高也是制约因素，人造肉比传统肉类价格更高，

---

① 张威威. 肉类产业的革命已启动 [N]. 参考消息，2020-07-06（12）.

不易被消费者广泛接受。

3. 从"小幅度"改变到市场培育壮大

深入了解食物中不同成分的比例和来源，将有助于更好地确定食物对环境的影响。鱼、奶酪和肉类（尤其是红肉）的环境影响很大，用植物类食品取代肉、乳制品和鸡蛋，对环境和健康有很大好处。"小幅度"改变会有所帮助，例如可以用鸡肉或猪肉千层面甚至素食来替代对环境影响较大的意式牛肉千层面。从带"血丝"的汉堡到并非来自动物的香肠、鸡块和肉丸，利用植物和蘑菇制造的仿肉产品将重塑食品行业。随着消费者对个人健康、畜牧业的环境影响和动物权利的认识不断提高，人造肉因其更绿色环保并且符合消费者健康饮食的消费习惯，日益被资本热捧①。2020 年，对于食品技术解决方案的投资就超过 170 亿美元。根据美国推广新替代蛋白的行业研究机构好食研究院（Good Food Institute）统计，截至 2021 年底，全球约有 107 家专注细胞培养肉开发的初创公司。到 2027 年，全球食品技术市场规模预计将超过3420 亿美元，随着对更便宜、更健康和更安全食品的需求增长，这一趋势将会进一步增强。到 2030 年，全球植物蛋白市场规模将从 2021 年的 46 亿美元提高到 850 亿美元，其中美国市场将有望达

---

① 人造肉有两种类型：一种利用动物细胞进行试管培育，称为"清洁肉"或"净肉"。在 2013 年由荷兰马斯特里赫特大学的马克·波斯特教授培育成功，3D 打印肉属于这类。另一种已经投入生产的是植物蛋白肉，被称为"素肉"。与通过动物细胞培育不同，素肉并不是肉，而是利用植物蛋白原料，如大豆蛋白、小麦蛋白、豌豆蛋白等，添加由酵母合成的植物性血红蛋白制作而成。

到 405 亿美元的规模。

4. 初创企业甚至是头部企业正在涌现

近年来，多家公司利用技术来模仿肉类的味道和质地，全球目前有近百家公司在生物反应器中"培育"肉类，从动物身上提取细胞，在富含蛋白质、糖、脂肪、维生素和矿物质的汤中得到营养。以色列初创公司 SuperMeat 人工培育的鸡肉汉堡在 2022 年获得商业销售许可，其人工培育鸡肉汉堡的价格从 2018 年的 2500 美元降至 10 美元。总部位于加州的 Finless Foods 人工培育的蓝鳍金枪鱼肉，价格从 2017 年的每千克 66 万美元下降到 440 美元。培根、火鸡和其他人工培育的肉类实现生产供应。2020 年，总部位于旧金山的人造肉初创企业 Eat Just 成为首家获得认证、可以在新加坡销售其产品的公司。有"人造肉界第一股"之称的 Beyond Meat 公司于 2009 年创立，2020 年以 6.8% 的市场占有率在全球市场排名第三。美国"不可能食品"（Impossible Foods）公司的目标是在 2035 年之前消除食物链中对动物的需求，开发类似于鸡肉、海鲜、牛奶或鸡蛋的植物性食品，该公司估值超过 40 亿美元，向汉堡王、星巴克等大型连锁店提供肉类替代品。新加坡土地稀缺，90% 的食品需要进口，新加坡一些初创企业投入研究和生产"人造肉""人造海鲜"等，以推进食品"自给自足"①。截至 2022 年，新加坡已经聚集了约 30 家从事人工蛋白质研究的公司。俄罗

---

① 去新加坡搞"人造食品"能赚钱吗［N］. 环球时报，2020-09-23（13）.

斯"3D生物打印解决方案"公司致力于创造在味道和构造方面最大程度接近人们熟悉的鸡柳，并与肯德基合作推出全球首块3D打印鸡柳①。

5. 中国市场受到越来越多的关注

自1990年以来，中国的肉类消费量一直稳步增长，1980年人均肉类消费量为12.7千克，1990年达到20.02千克，到2021年我国人均肉类消费量达到69.3千克。中国肉类消费总量超过其他任何国家，但人均消费量只有美国的一半多②。在中国，肉类消费已不再被视为"财富的象征"，中国有大约5000万素食者，约占人口总数的4%。中国已成为植物肉企业的战场，2018年，中国人造肉市场估值为61亿元人民币，预计将以每年20%~25%的速度增长。国际企业瞄准并希望进入世界上最大的肉类消费市场③。很多企业都在寻找传统仿制肉之外的肉类替代品，传统仿肉产品已经覆盖从人造蟹肉、鸭胸肉到牛排的诸多品种。2020年的中国国际进口博览会上，瑞典宜家首发了一款由植物性食材取代肉类原料的植物蛋白肉丸，这款肉丸由黄豌豆蛋白、燕麦、土豆、洋葱和苹果制成，从外观到口味几乎都与传统肉丸一样，而且其制作

---

① 刘畅．"未来肉类"悄然走向人们的餐桌［N］．文汇报，2020-08-10（7）．

② 2020年，美国人均肉类消费量达到124千克，居世界第一，澳大利亚121千克，巴西、阿根廷、秘鲁的人均肉类消费量均在100千克左右，德国为61千克。

③ SOO, Z., China Becoming Battleground for Plant-Based Meat Makers, Sep 11, 2020, https://www.usnews.com/news/business/articles/2020-09-11/china-becoming-battleground-for-plant-based-meat-makers.

过程中的"气候足迹"仅为传统肉丸的4%。

　　人类将应用一些新的技术，例如基于可食用藻类或3D打印产品的饮食将被标准化，以及实验室制造的蛋白质，如培养自肌肉细胞的肉类和用豆类（如豌豆、大豆或鹰嘴豆）制造的纯素鸡蛋，标志着人类养活自己的方式将实现质的飞跃。必须以更少的土地面积和用水量生产更多的食物（纳米技术和生物技术），用胶囊包装盐和糖，以减少调味品的摄入量（微胶囊技术），添加成分以改善食物的营养，并保持味道、口感或形状不变（神经香味技术）。此外，营养基因组学（研究食物与基因组相互作用的科学）和营养美容学（将食物和个人护理相结合以延缓衰老）将受到人们的追捧。

　　食物变革的到来，将改变人类的生活方式和生存环境。

技术：

面向未来的突破

纵观人类发展史，技术始终是变革的催化剂，并将糅合经济发展、地缘政治，最终塑造新的世界秩序。我们正处在一个人类从未经历过的时代，能够改变人类生产生活方式的领域将会很多，人工智能和机器人的发展将在更短的时间内形成冲击力，新型冠状病毒感染让人工智能和机器人进一步提速。新能源汽车正在形成革命性冲击力，在氢能和自动驾驶的加持下，将成为全球性的头部产业，而新能源的规模化利用，也将助力"双碳"目标的实现，据此，"石油时代"或将闭幕。医学领域一系列"科幻"般的突破预示着人类未来更加长寿、更加美好的生活。面对技术突破和产业培育的风口浪尖，投资的艺术在于如何找准下一个趋势。未来的世界经济将由电动汽车、微电网、可再生能源、先进核能和大规模存储驱动，清洁能源与未来 30～40 年的大量经济增长机会息息相关。但必须承认，技术的产生与充分发挥其潜力之间需要较长一段时间，存在滞后效应，企业需要挖潜和降低成本，政府需要制定新的政策并建设新的基础设施，人类需要更好地利用和把握这些技术。

一、人工智能

人类历次迁徙都是从一个大陆到另一个新大陆，每次都带来了生活模式乃至社会结构的变化，而现在，人类正站在一个新的十字路口——从线下到线上、从物理空间向数字空间的"大迁徙"，人类的智慧将通过与网络和数字技术的紧密结合和无缝交织而得到提升。人工智能（Artificial Intelligence，AI）是科技革命的重要驱动力量、全球科技竞争主动权的重要抓手，人工智能与人口发展战略的深度融合，将有助于培育更高水平、更具技能和多层次复合人才，塑造人类面向未来的人才红利①。人工智能的进步使机器能将数据转化为论据和决策，帮助人类更好地了解我们的世界并采取行动。当人工智能延伸到每一个角落、连接起每一个人，世界将会怎样，我们又该怎样应对？

（一）人工智能：低谷与高潮

人工智能的提出源于 1956 年的达特茅斯会议。这场在美国新罕布什尔州汉诺佛小镇达特茅斯学院召开的人工智能夏季研讨会，云集了克劳德·香农、约翰·麦卡锡、马文·明斯基、艾伦·纽威尔、赫伯特·西蒙等重量级人物，他们在信息论、逻辑和计算理论、控制论、神经网络理论等领域都开展过许多奠基性的工作。在经历了 20 世纪 60 年代至 70 年代的低潮之后，AI 的第二波高潮始于 20 世纪 80 年代。斯坦福大学的费吉鲍姆教授是人工智能研究的先驱者之一，著有《第五代：人工智能与日本计算机对世界的挑战》，从 20 世纪 60 年代起开始了"专家系统"（Expert System）的研究和设计，到 80 年代，费吉鲍姆的专家系统框架及其理论成

---

① 王振杰．用人工智能激发人才红利［N］．经济日报，2023-02-08（5）．

为 AI 研发高潮的重要推动力，各国政府纷纷制订发展规划，其中日本政府最为激进，计划以 8.5 亿美元巨额投资和 10 年左右的时间开发出"第五代计算机"系统。所谓"第五代计算机"是相对于已成型的前四代而言的，20 世纪四五十年代的电子管计算机、五六十年代的晶体管计算机、六七十年代的集成电路计算机、七八十年代的超大规模集成电路计算机，而日本提出"第五代计算机"是具有人工智能的计算机系统。日本政府希望借助"第五代计算机"，到 20 世纪 90 年代在技术上抢占制高点①。

人工智能研究自 20 世纪 90 年代进入第二个低潮，历时 20 多年之久，直到 2016 年"阿尔法狗"（AlphaGo）击败李世石，机器人对人类围棋冠军的首次胜利再度掀起新的人工智能高潮。但即便是在低谷时期，科学家团队依然取得了许多重大成果，特别是在计算机视觉、语音识别、自然语言处理、人工神经网络等领域取得突破性进展。随着移动互联网、大数据、云计算、物联网、机器人及无人机等的不断发展和进步，以"深度学习"为引领的人工智能应用，渗入到经济社会发展诸多领域，各国政府纷纷出台相关产业政策和行动计划。当前，全球人工智能发展呈现中美两国引领、主要国家激烈竞争的格局，中国人工智能创新水平已进入世界第一梯队，与美国的差距正在缩小。

人工智能"赋能百业"的效应正在逐步显现，"AI+"在对各

---

① 江绵恒．记录人工智能发展中的一段重要历史 [N]．文汇读书周报，2020-07-17（3）；[美] 爱德华·A. 费吉鲍姆，帕梅拉·麦考黛克．第五代：人工智能与日本计算机对世界的挑战 [M]．汪致远等译，上海人民出版社，格致出版社，2020.

行各业产生冲击之时，也将如同蒸汽机、电力和计算技术一样，大幅提高诸多产业、行业和职业的生产效率，同时人工智能具有持续改进的内在潜力，将在所应用的行业中引发连锁创新，催生"创新互补性"。围绕"自主与感知""智能与涌现""协同与群智"三大关键领域，从智慧城市、智能建造①、智能制造到智能医疗、智能交通、智慧农业，产业变革的种子将不断孕育。随着人工智能的发展，传统的学科边界将变得模糊，产业的边界将变得更加模糊，一些拥有非常完整产业链的行业，已率先向数字空间迁移，更多创新成果将在交叉领域诞生②。未来，结合人工智能对大数据的挖掘、利用，新的盈利点、新的商业模式将逐一涌现。不论是就业还是创业的空间，都将无可限量地增大。今后将可能不会再有纯粹的传统产业，日益完善的"新基建"和产业互联网，将为各个行业带来新的冲击，为经济发展带来新的增量。但历史的经验告诉我们，任何强大的新技术要改变既有的经济模式都需要时间甚至是较长周期。

　　2022 年 11 月，美国人工智能研究实验室 OpenAI 推出了新型人工智能聊天机器人 ChatGPT（GPT，生成式预训练转换器）。与

---

　　① 智能建造是指在建造过程中充分利用智能技术，通过应用智能化系统提高建造过程智能化水平，达到安全建造的目的，提高建筑性价比和可靠性。借助 5G、人工智能、物联网等新技术发展智能建造，将促进建筑业转型升级，并将培育建筑产业互联网、建筑机器人、数字设计等。资料来源：丁怡婷. 以智能建造助力"中国建造"［N］. 人民日报，2022-08-19（5）.

　　② 上海高校布新局落新子拓宽 AI 人才新赛道［N］. 文汇报，2020-07-02（1）.

传统聊天机器人不同，ChatGPT 是"创作型"语言模型，更贴近人类思维，对用户免费开放，并可根据用户要求，自动生产回复内容，具有相当的人类道德准则，其活跃用户数迅速超过 1 亿。ChatGPT 几乎可以出现在任何场景中，并赋予极高的产业价值，犹如"鲶鱼"搅动了人工智能领域，将带来更加激烈的竞争，比尔·盖茨认为这种人工智能技术的诞生具有重大历史意义，不亚于互联网或个人电脑的诞生。2023 年人工智能发展将进入全新阶段，产业上下游迎来新风口，微软、亚马逊、谷歌、华为等科技巨头进一步投入人工智能，并将有望加快融入金融、医疗等领域。ChatGPT 最先落地应用的将是搜索引擎和智能营销，之后将会是智能家居控制、客服咨询等，距离 ChatGPT 全方位渗透还需要一段时间，未来势必将替代部分重复性的脑力工作，在提高劳动效率的同时，减少一些行业从业者的工作负担，让人们能够释缓工作、创建家庭，促使政府和企业采取更短的工作时间、更灵活的工作制度。ChatGPT（或其他生成式人工智能工具）将可能成为人们生活中的重要组成。当然，ChatGPT 仍存在一些明显弊端和潜在风险，例如对一些技术工种和半熟练工种就业将带来的显著影响，以及作为"考试作弊代谢神器"对版权、伦理以及法律所带来的挑战，艺术家正在展开行动，捍卫自身权益，避免自己的作品被生成式人工智能随意复制①。同时，必须警惕 ChatGPT 被犯罪分子

---

① AI 创作者必须获得艺术家的许可才能在学习软件中使用其作品，并支付艺术家相应的报酬。

滥用的可能。值得关注的是，鉴于生成式人工智能的增长速度，ChatGPT 将在未来 10 年内强大 32 倍，在 20 年内强大超过 1000 倍，将拥有远远超出目前的分析和解决问题的能力，但这一切都必须是在人类可控的范围内。

（二）悲观还是乐观

人类开发出的智能机器人可能会对我们实施广泛监控，或者在生理和心理上超过人类，甚至将篡夺人类在这个星球上的主导地位，将可能从根本上改变"人类之所以为人"的意义。马斯克认为，人工智能的"潜在危险甚于核武器"，霍金认为，"人工智能全面发展将宣告人类的死亡"。作为全球最著名的政治家和战略家之一，基辛格曾在 2018 年发出警告，认为无论是从哲学还是从智力等各个方面，人类社会都没有对人工智能的崛起做好准备。

马斯克与马云曾就人工智能有过"针锋相对"的辩论，马斯克认为人们通常会低估人工智能的能力，人工智能的研究人员所犯的最大错误，就是他们很难想象世界上会存在比他们自己更聪明的东西，而实际上人工智能可能比他们聪明得多①。与人工智能相比，人类的思维节奏和反应速度都慢了很多。人类的对话中，一秒只能传递几百个字节的信息，而计算机每秒所能传输的信息

---

① 一直以来，马斯克对人工智能持有"保守"甚至是"悲观"的态度，认为人类的智力在越来越少的领域能超越机器人，未来人类肯定将被机器人全方位超越。资料来源：［美］阿什利·万斯（Ashlee Vance）．硅谷钢铁侠：埃隆·马斯克的冒险人生［M］．周恒星译，中信出版社，2022.

量是以万亿字节（terabyte）为量级进行计算的。马斯克创办 Neuralink 的目的就是要让人类可以加入人工智能的队伍，并认为人类可以创造出比自己更聪明的东西，但并不一定是人。马云则更多思考人工智能对于人类生活的影响，人类在过去所做的预测中，有 99.99% 都是错的，而剩下的 0.01% 也只是碰巧正确。马云认为机器是人类发明的，人类无法创造一个比自身更聪明的东西，计算机可能比人类更加聪明，但不会比人类具有更大的智慧，聪明是知识驱动的，但智慧是经验驱动的。

人工智能会不会抢走人们的工作岗位？势必如此，但并不是所有的，类似文案撰稿、零售、软件工程师、平面设计师等岗位将会最早受到冲击并被逐步取代。那么人们应该去做什么呢？马云认为过去的 100 年中，人类一直在担心新的技术是否会抢走就业机会，而事实是，每一次技术的革新都创造出了更多的工作岗位。在未来，人们工作，是为了让自己开心，去体验生活，享受作为人的快乐。200 年前，发达国家的平均寿命为 40~45 岁，今天为 80 岁左右，未来 40 年，人类的寿命将会更长，生命科学的进步将可以让人类的平均寿命达到 100 岁，甚至是 120 岁。同时，随着生活水平的提高，老龄化少子化将更加严峻，我们需要人工智能和机器人来帮助照顾老人，减缓人类社会所面临的问题挑战。马斯克则觉得人工智能会让人的工作失去意义，最后仅存的工作可能就是编写人工智能软件，但到最后人工智能会自己写软件，并建议人们去学工程、物理和艺术，或者是去做那些人只愿意和人互动的工作。要深度思考人类和人工智能"组队"的问题，也就是神经连接的问题，否则按照"单干"模式，人类将会落后于人工智能的发展。美国高中已开始教授人工智能课程，初中阶段也有效仿的计划，8 年级学生阿妮卡·帕利亚波图构建了一个卷积神经网络，能通过扫描眼部来检测糖尿病性视网膜病变。未来工作所需要的技能素养将远远超出当前的一维职业，新的职业将日益倾向于复合能力，包括技术、批判性思维、问题解决能力和社交技能。

更重要的是，人工智能首先会帮助人类提高工作效率，尤其是在老龄化和熟练工人缺乏的情况下，人工智能恰如其时提供了"帮助"。未来 40 年，人工智能将在更多新的领域拓展应用，例如人工智能将成为应对气候变化的有用工具，帮助人类预测存在风险（洪水、干旱、火灾等）的区域；预测气候灾难并发出预警，有效减少人力成本和生命损伤；选择出效用更好更大的基础设施项目（水坝、消防工程等）；更加有效地为不同用途的土地分配水资源，等等。当然，人工智能（包括自动化）的发展也已经延伸出一些新的问题，例如美国社会学家克雷格·兰伯特（Craig Lambert）提出的"影子工作"问题①，通过减少人力劳动降低了消费价格，但这并不代表生产效率提高，"影子工作"将会减少而且是不断减少服务业入门级工作，如果不改善教育模式跟上技术发展，许多工人将无法找到新工作，生产效率反而会下降，"影子工作"

---

① "影子工作"是指人们在除消费产品、休闲和睡眠之外，还必须完成的各种无偿劳动和琐碎事务。资料来源：[美] 克雷格·兰伯特（Craig Lambert）. 无偿：共享经济时代如何重新定义工作？[M]. 孟波等译，广东人民出版社，2016.

也让人们之间的接触减少。人工智能时代，教育将凸显人和机器的区别，也将成为不同国家之间能否更好融入的关键。

新兴国家对 AI 更加期待，发达国家则相反，日本有 42% 的接受调查者认为 AI 产品和服务利大于弊，比全球平均水平低 10 个百分点，法国仅为 31%，中国人对 AI 的态度最为积极，认为利大于弊的调查者高达 78%。人工智能值得期待和拥抱，人类的工作效率将会更高、工作时间可以更少，人类可以更好地创造和融入更加美好的生活，这本质上也是人类新的进化。

（三）人工智能助人类"集思广益"、作出新的选择

人类很早就已认识到，群体合作集思广益，其解决问题的成效大过个体各自智慧的总和。希腊哲人亚里士多德就指出，众多平凡之人如果齐心合力，所作的集体判断往往比伟大的个人更为出色。人工智能的进步让群体智慧的可操作性变得可行，进而让人类工作更有效率，更有能力解决面对的紧迫挑战。未来的劳动分工不仅仅存在于人类内部，还将存在于人类和数字/人工智能劳动力之间。

人工智能和人类很难结合的原因也是机器和人类能否密切合作的关键所在。人工智能的运行速度和规模远远超越了人类的能力，但要学会人类的灵活性、好奇心和对微妙语境的把握，还有很长的路要走。将人类智慧和 AI 智慧结合在一起，将有助于赋予人工智能技术更多的人性元素，实现更加科学合理的决策，也将可能以新的方式拓展和丰富人类的才能，提高人类的思考反应速度和

科学决策能力，进而增进群体智慧，帮助人类应对当前及未来面临的全球性危机。卡耐基梅隆大学的研究人员使用人工智能学习算法，将自愿症状调查、医生报告、实验室统计数据和谷歌搜索趋势等结合一体，实时预测新型冠状病毒感染流行趋势。例如，监察全球种族灭绝和反人类罪风险的美国 NGO "早期预警"（Early Warning Project），结合网络的众包预测、专家评估和机器学习算法，来确认最有可能发生暴行的国家，从而提前发出警示。

人工智能将广泛应用于人类生活的各个方面，甚至可以用于精准打击冒牌货，总部设在纽约的人工智能初创企业——恩特鲁皮公司（Entrupy）开发了一台配有显微镜头的定制相机，可以将皮制品材质放大 100 倍，从而使肉眼看不见的材质特征在最终成像中变得非常清晰。根据不同的产品，人工智能可以检查包括颜色、缝纫和皮革毛孔类型在内的 500~1500 个特征，形成检测结果的时间从 60 秒到 1 小时不等，且每次检测之后，算法将变得更加"聪明"。未来类似的技术将有望扩大到工业产品、电子产品、食品和药品等的甄别①。美国国家航空航天局（NASA）将发射完全由生成式人工智能设计关键部件的航天器，利用这种技术可将部件重量减少 40%，且在碰撞性能方面优于传统设计的部件。

由于技术进步导致的失业，即技术失业，可能将成为 21 世纪最大的全球性挑战之一，机器人和人工智能领域的变革将消除数

---

① Pettway, J., AI is a new weapon in the battle against counterfeits, The Wall Street Journal, Aug 7, 2020, https：//www.wsj.com/articles/ai-is-a-new-weapon-in-the-battle-against-counterfeits-11596805200？mod=searchresults&page=2&pos=19.

以千万甚至上亿的工作岗位。2013 年 5 月，全球咨询公司麦肯锡《颠覆性技术：将改变生活、商业和全球经济的进展》报告称，到 2025 年，新技术不仅会令数百万名制造业员工失业，还会使 1.1 亿~1.4 亿名办公室白领和商务人士丢掉工作。截至 2030 年，美国或将有 7300 万个工作岗位因自动化而消失。人们对 AI 的"恐慌"，或许与历次工业革命到来时大众的担忧没有本质不同。但历史也证明，技术革命带来的是产业迭代，随之而来的是更多新业态和新岗位。当数据收集和处理的岗位被 AI 替代时，随之诞生了对人工智能训练师的大量需求。人工智能将从感知阶段进入认知阶段，与人类的多维互动将催生更多就业空间，未来或将出现大批人机共生新岗位。随着人工智能的发展，一部分简单、重复性的人力劳动将会被取代。另外，随着各种应用场景的不断成熟，技术发展将不断催生出新的产业，也必将开辟更多新职业和新岗位①。

（四）人工智能：还有伦理问题

人工智能绝不仅仅是一个技术问题，还涉及伦理问题和社会发展问题，到 2030 年，全球得益于人工智能推动的经济增长将高达 15.7 万亿美元，而中国将占 7 万亿美元。人工智能在教育、医疗、居家、养老、交通等诸多方面都将极大地提高人类生活质量，也

---

① 根据《新 360 行——2021 年青年新职业指南》，在 7029 名年龄在 18~35 岁的受访者中，20% 的人转向 5G 网络、人工智能和大数据时代催生的新职业，包括电竞教练、衣柜整理师、酒店测评师、陪跑员、代驾和网约配送员等。

将带来一场前所未见的科技和产业革命。但同时，也有不少人对人工智能技术发展可能带来的问题忧心忡忡。2020 年，上海交通大学出版社推出了《人工智能伦理引论》《人类未来》《人工智能：驯服赛维坦》等一批与人工智能相关的著作，从道德伦理层面上探讨了人工智能与人类的未来。

人工智能实现后，是接受人类的道德观念，还是发展出自己的道德观？未来的人类如何与具备自主思维能力的人工智能相处？人类会与具备情感能力的机器人结为伴侣吗？老人死后会把遗产留给一直在身边照顾自己的智慧机器人吗？应对全球威胁需要更多的技术，但这些技术需要社会学和伦理道德的引导。曾任剑桥大学三一学院院长和天文研究所所长，也是剑桥大学生存风险研究中心联合创始人的马丁·里斯（Martin Rees）在《人类未来》一书中乐观预测了人类运用科学技术修复受伤的星球、改善生活状况的前景，但同时也讨论了未来人类可能面对的问题[①]。例如，随着计算机技术、人工智能、生物技术等的发展，如若"插入"扩展记忆或将语言技能直接输入大脑等成为现实，那么，"我是谁"这样的哲学问题也因技术的发展而出现了新的语境，实际的人与"可能存在的人"的关系、机器智能与有机智能的关系等都成为新的伦理课题。

近年来，关于人工智能"黑箱"的质疑不绝于耳，然而，当

---

① Martin Rees, On the Future: Prospects for Humanity, Princeton University Press, 2018.

人们还没能弄清人工智能的问题时，人工智能以前所未有的深度和广度向人类生活和社会发展渗透，作为人工智能发展的基本要素之一，社会伦理将是未来 AI 发展必须优先思考的根本问题，不求机器做得多，但求机器做得对①。高智能科技时代的来临方便了大众，但更需要伦理、道德、制度对科技的制约，这样才能使科技更好地服务于人类。

（五）当芯片植入人脑

2012 年 3 月，德国维尔茨堡大学推出一项技术，通过大脑人机界面的软件来控制电脑，以便帮助瘫痪者活动其肌肉。埃隆·马斯克与他人于 2016 年联合创建、总部设在旧金山的"神经连接"（Neuralink）公司旨在植入无线脑机接口，包括向构造最复杂的人体器官植入数千个电极，帮助治疗阿尔茨海默病、痴呆和脊髓损伤等神经疾病，并最终实现人类与人工智能的融合。2020 年 8 月 28 日，该公司公布向一头猪的大脑植入了硬币大小的计算机芯片，这意味着向利用同类植入设备治疗记忆力衰退、颈脊髓损伤等疾病又迈进一步。首批人体临床试验将针对因颈脊髓损伤导致的截瘫或四肢瘫痪人群，计划招募少量此类群体来测试脑机接口设备的有效性和安全性。每个人都会出现记忆力减退、焦虑、脑部损伤等神经系统问题。目前，脑机接口的大部分前沿研究都是动物实验，其安全性挑战和冗长的监管审批程序阻碍了更大规

① 不求 AI 做得多，但求做得对［N］.文汇报，2020-09-14（6）.

模的人体试验。不过向人体植入小型装置，电子刺激神经和大脑区域以治疗失聪和帕金森病的方法已经应用了数十年。神经科学家也对少数因脊椎损伤或中风等神经系统疾病而失去对身体功能控制的患者开展过大脑植入装置的试验。

美国国防部高级研究计划局（DARPA，美国国防部下属的军事研究机构）将神经接口称为"大脑皮质调制解调器"（Cortical Modem）。神经接口能为人类思维与互联网提供直接的联系，通过这些链接，可以将可用的物理、电子和经济基础设施整合成一套假肢，为使用假肢的个人提供强大的力量，人类可以通过互联的机器人将触觉延伸到全世界，也可以直接链接到图书馆、超级计算机拓展人类的思维。

"神经连接"公司的目标是植入装置和手术的最终费用降低到数千美元。Neuralink 开发的脑机接口允许计算机将人的思想转化为行动，让他们通过思考就能执行诸如打字和按按钮等操作，Neuralink 的计划是让人类不必使用语言，直接通过大脑进行交流。甚至成功让一只猴子在大脑芯片的作用下，通过心灵感应的方式玩视频游戏。2022 年 7 月，马斯克称将自己大脑上传云端并与自己的虚拟版本进行交谈，进一步拉升了人脑工程概念。与 Neuralink 相同行或是其最大竞争对手的是"同步"生物技术公司，2022 年成功在一名肌萎缩侧索硬化症（"渐冻症"）患者的大脑中植入了一种名为 Stentrode 的运动神经假体。

著名神经学家安东尼奥·达马西奥在谈到人类和技术之间的联系时指出：增强人的力量并不是什么新鲜事。在某种程度上，无线电和电话等发明长期以来一直在扩展人类的能力范畴，日常使用的眼镜和假肢也是如此。但事实是，这种联系正变得越来越紧密，甚至已经越来越趋近融合。"脑机结合"这个将会到来的未来似乎并没有让人们感到恐惧，76%的西班牙人愿意植入芯片以提高他们的大脑能力。瑞士洛桑联邦理工学院科学家创建的初创企业致力于开发由石墨烯制成的神经植入物，现有的脑机接口大多基于金属，而这些金属会带来相当大的副作用，并在50%的病人中引起排斥反应，石墨烯可以让植入物变得更小、更灵活、更有效。

脑机结合最先在人身上实现的两个用途，将是恢复视力和帮助几乎或完全无法控制肌肉的人便捷使用数字设备。未来，随着人工智能、神经生物学等领域的不断发展，脑机接口技术将会带来新的科技革命，掀起新的行业变革，对人类的发展和社会进步产生无法估量的巨大推动力，脑机接口也将最终成为大众消费级产品。到2060年，新的通信网络将以令人眼花缭乱的速度传输大量信息，现实和虚拟将在视网膜中混合，人与机器的界限将越来越模糊，社会将依赖人工智能，但这只是等待着人类不可思议的技术未来的一部分。问题是，届时该如何界定和发展人类的语言和文明。

21世纪50~60年代将会实现的智能世界

1. 无线社会

未来40年，高速互联网将成为现实。随着移动电话全球性的普及发展，通过微型卫星的庞大网络在地球表面任何地方都将能够以远快于光纤传输速度连接互联网。到21世纪60年代，即时连接互联网的能力将改变社会，打造真正的全球文化，模糊国家之间的边界，并淡化公民与其国家关系的重要性。

2. 平行现实

增强现实眼镜将成为最常用的个人设备，向人们显示关于现实世界的数字信息，人们将看到与物体或真实空间相关的各种背景信息。依靠叠加在视野上的地址，更加轻松地实现定位。获得个人公共活动中的资料（前提是本人授权）将更加便捷。预计到2060年，获取这些增强现实体验所需的技术将实现微型化甚至用隐形眼镜替代眼镜的程度。

3. 二进制计算机的终结

量子计算机已开始在商用机器上进行实验。预计到2030年，全世界量子计算机的数量将在2000~5000台，但需要非常特殊的条件（包括低温）才能正常运行。2060年前，量子计算机将被广泛应用于各行各业，能够瞬间解决需要很强运算能力才能解决的问题，还将能够绕过最复杂的加密系统。

4. 数字头脑服务一切

AI工具将扩展到各个领域和行业，如物流或公共运输网络的组织将完全自动化，虚拟演员将在连续剧和电影中更多替代人类演员，在信息选择与过滤及数据解读方面也会发生同样的情形。人工智能将广泛应用于气象预测、复杂结构的计算以及对经济的实时监控。语音和图像合成方面的进步将使人们能够与AI工具进行交互。

5. 半人半机

2060 年，人类与机器之间的界限将更加模糊、融合将更加深化。对于因疾病或事故而失去四肢或器官的人，使用受大脑控制的智能假肢将成为常见的解决方案，通过先进的脑机接口实现，由植入脑皮层的数千个微型传感器提供支持。让遭受一定程度脊椎损伤的人不必坐轮椅，使一些视障人士能够通过人造眼看东西或者使耳聋的人听到声音。人造器官会变得越来越复杂和强大，如人造眼将能够感知超出视觉可见光谱的频率。

二、机器人

机器人被誉为"制造业皇冠顶端的明珠"，其研发、制造、应用是衡量一个国家科技创新和高端制造业水平的重要标志。以机器人为代表的信息、制造、能源、材料等技术的融合创新，正在掀起一场新的变革浪潮①。自 20 世纪 50 年代第一台机器人发明至今，机器人技术不断进步，随着智能传感、人工智能、大数据等技术快速发展，机器人不断被赋予与环境交互、模仿人类甚至自主学习等新技能。人类已制造出蚂蚁、蝴蝶、水母等形形色色的仿生机器人，能够做出高难度动作的人形机器人，能够表现出超过 62 种面部表情的机器人。当前，在产业升级、健康服务、国防安全、太空探索、科考与资源开发等关乎人类未来的领域，机器

---

① 刘玲玲等. 多国加快机器人产业融合创新发展［N］. 人民日报，2022-10-31（14）.

人的作用日益突出，也成为全球高科技竞争热点。

回顾历史，机器人的发展大致经历以下三个阶段：第一代机器人相当于"遥控操作器"，由人操作机械进行挖掘、搬运等工作，主要起到放大操作员力量的作用；第二代机器人能够根据离线编好的程序自动重复完成操作，最常见的是工业机器人；第三代机器人是智能机器人，可通过各种传感器获取环境信息，利用智能技术进行识别、理解、推理并作出规划决定，属于可自主行动、实现预定目标的交互机器人。工业领域中负责搬运、焊接与装配等任务的工业机器人、服务行业中的扫地机器人和炒菜机器人等都属此类。

（一）工业机器人：助力人类发展

工业机器人自动化程度高，稳定性更强，比人工更具成本优势，已广泛应用于各产业领域。但工业机器人需要在稳定的环境中工作，即在结构化环境中执行各类确定性任务，否则就容易出错甚至伤人毁物。这就是为什么工业机器人经常"单兵作战"，甚至需要防护网将机器人作业区和工人作业区分开。工业机器人要满足铣、钻、抛、磨、削等制造任务需求，需要机器人结构具备更大的自由度和更强的顺应性。未来，各种新型操作、加工、装配机器人等将可以满足大至飞机、航天器，小至电子零件的各种生产制造需求，现有的搬运、码垛、焊接机器人将获得新的提升和改进。

1968 年，日本川崎重工业公司制造出首台本土工业机器人。

这台独臂抓取机器人名为"川崎重工业-Unimate2000"，是该公司在与美国机器人制造先驱尤尼梅申公司签署许可协议后生产的。日本其他公司迅速抓住这一新趋势，利用本土机器人推动日本汽车和电子工业进军全球。目前，全球十大工业机器人制造商中有5家来自日本，包括川崎重工业、安川电机和三菱电机等，以及几十家工业机器人制造商（包括汽车零部件供应商电装公司）在不断扩大其机器人应用范围。

世界经济正经历机器人化爆炸式增长的局面，自动化和机器人在工厂中的作用将越来越大。根据国际机器人联合会发布的《世界机器人报告》，全球约有270万台工业机器人，其中28%在汽车行业，其余的用于计算机和电子行业，包括3D打印、智能工厂及相关服务。新型冠状病毒感染增加了对可让工人保持距离的远程办公模式的需求，人类在工厂中的出现频率势必下降。2018～2020年，全球每年安装的工业机器人增长约20%，中国、日本、美国、韩国和德国5国贡献了增长量的近3/4。从长远来看，以工业机器人为代表的高度自动化影响最多的可能不是美国、德国、日本和其他高度工业化国家的劳动者，而是以低成本劳动力作为竞争优势的位于东南亚、拉丁美洲和非洲的发展中国家，因为在这些国家的工人从事体力劳动的比例最高，这些体力劳动岗位将越来越自动化①。随着工业化国家技术工人日益短缺以及"协作机器人"

---

① 在越来越多的领域，最具成本效益的"劳动力"资源，不是人类劳动力，而是兼具智能和灵活性的机器。资料来源：［美］埃里克·布莱恩约弗森，安德鲁·麦卡菲．第二次机器革命［M］．蒋永军译，中信出版社，2016.

向中小企业市场渗透，2021～2026 年，全球工业机器人的销售额有望增长 79%，达到 750 亿美元。

2021 年，全球工业机器人市场规模达到 175 亿美元，安装量达到 48.7 万台，同比增长 27%，几乎占到全球重型工业机器人安装总量的一半，而 2021 年中国工业机器人累计产量达 36.6 万台，比 2015 年增长 10 倍，累计销售工业机器人 27.1 万台，同比增长 50.1%，稳居全球第一大工业机器人市场①。精密减速器、智能控制器、实时操作系统等核心部件研发取得重大进展，太空机器人、深海机器人、手术机器人等高复杂度产品实现重要突破。从机器人普及水平来看，中国仍落后于美日德等制造业强国，中国工厂将使用更多的机器人来弥补日益扩大的劳动力市场缺口并提高生产效率、降低成本，减少企业生产线向新兴经济体的迁移。到 2030 年，预计中国工业机器人将达到 320 万～420 万台。

工业机器人密度是衡量制造业自动化程度的关键指标。国际机器人联合会（IFR）发布的 2022 年世界机器人报告显示，2021 年全球制造业机器人密度已增至每万名工人 141 台机器人，是 2015 年 69 台的 2 倍多，中国以每万名工人 322 台工业机器人的密度位居世界第 5，比 2012 年增长约 13 倍。韩国、新加坡、日本、德国分列前四，其中韩国 2021 年每万名工人拥有工业机器人达到 1000 台，美国的工业机器人密度从 2020 年的 255 台上升到 2021 年的

---

① 2022 年中国机器人市场规模达 174 亿美元，2017～2022 年年均增长率达 22%。其中，工业机器人市场规模达 87 亿美元，服务机器人市场规模达 65 亿美元，特种机器人市场规模达 22 亿美元。

274 台，中国工业机器人密度首次超过美国。中国工业机器人密度的超速增长，得益于应用市场拓展和核心技术突破的双向奔赴[①]。我国工业机器人的应用领域已从汽车、电子、金属制品、橡胶塑料等重点行业，逐渐向纺织、物流、制药、半导体、食品、原材料等行业扩展，汽车制造业仍是工业机器人最大的应用市场；在服务机器人方面，国防、家庭领域需求引爆服务机器人市场，尤其是清洁机器人和医疗机器人成为国内服务机器人产业发展前景最好和增速最快的领域[②]。

（二）机器人将与人类生活共融

共融机器人是指能与作业环境、人、其他机器人自然交互，自主适应复杂动态环境并协同作业的机器人。随着先进制造技术、信息技术以及人工智能技术的创新与发展，机器人制造水平将越来越高，共融机器人将深刻影响人类生活。未来，与人类日常生活相互融合的机器人将快速发展，服务业领域对机器人的需求将迅速扩大，医疗康复、助老助残等关联领域将加快机器人的引进应用，康复机器人、外骨骼机器人等"聪敏体贴"型机器人能够"聪敏"感知人类意图，而不需要人类输入明确、繁杂的指令，采用柔性结构的穿戴式机器人将更好地和使用者的身体相适应。

新兴领域机器人将为经济增长注入新元素，将有更多的机器人

---

① 余惠敏. 为中国工业机器人的进步点赞［N］. 经济日报，2022-12-17（5）.
② 黄鑫，崔浩. 机器人产业迎来新一轮增长［N］. 经济日报，2023-02-10（6）.

快递员、餐厅机器人服务员等，中国的餐饮机器人正在积极开拓海内外市场，预计到 2025 年海外出货比例将达到 50% 以上。中国已经成为全球最大的扫地机器人市场，全球约 90% 的扫地机器人产自中国，中国服务机器人市场占全球市场 1/4 以上。随着老龄化带来的诸多社会问题以及人们生活水平的提高，科技创新的发展实现了服务机器人的多样化，到 2025 年，服务机器人市场规模将增长至 1020 亿美元。

新型冠状病毒感染期间，因为隔离政策，子女无法去养老机构看望父母，导致一些老年人陷入抑郁状态，针对独居老年人面临强烈孤独感的问题，美国纽约、阿拉巴马和宾夕法尼亚等州与企业合作，推出为老年人提供宠物机器人的试点项目，宠物机器人能模仿真实宠物的行为和声音，对人的触摸和说话能做出反应，给孤独的老年人带来了陪伴和精神安慰。70% 的老年人表示，有了宠物机器人的陪伴后，与世隔绝的孤独感减少了。由上海一家科技公司研发的机器人护士进入西班牙多家医院，包揽了许多工作，不仅有助于降低真人护士新型冠状病毒感染的风险，也减轻了护士的体能消耗。自动化和机器人技术帮助缓解护理人员短缺的问题，越来越多的机器人将会承担老年人护理任务。

日本计划到 2050 年建成人类生活可不受身体、大脑、空间和时间限制的社会，实现"超早期"疾病预测和干预以及人工智能和机器人的共同进化①。同时，日本致力于研发适用于其他领域的机器人，用途诸如照顾老人、田间收割，以及提供用餐或居家服务。全球很多初创公司都在参与研发能实现全球性突破的机器人，日本的特点是许多大公司也参与其中，索尼有机器狗 AIBO（Artificial Intelligence Robot），丰田和松下也参与研发此类机器人，特别是护理机器人和陪聊机器人。

随着机器人对男性、女性差别化影响的不断持续，如果男女薪资差距缩小，女性就业参与程度提高，男性的经济和社会地位则会下降，进而影响婚姻市场。从经济角度看，婚姻对女性的吸引力已不如从前，夫妻双方的收入差距越小，家庭分工的好处就越少。在机器人压缩人类就业空间的过程中，首当其冲的是体力型、重复性工作以及危险环境下的工作，而这些基本都与男性就业相关，这将进一步缩小两性薪资差距，进而降低了婚姻对女性的吸引力。在使用机器人较多的地区，结婚率有所下降，而离婚率和非婚同居的比例将会上升；婚生子女的数量下降，非婚生子女的数量增加。未来，机器人将可能让受过良好教育的男性在婚姻市场上拥有更多机会，而非技术工人可能要做好"单身"准备，现实的确有些残酷。

---

① Martin Kölling. Roboter secure the future of the Japanese economy, Dec 8, 21, https://www.handelsblatt.com/politik/international/serie-das-bessere-wachstum-roboter-sichern-der-japanischen-volkswirtschaft-die-zukunft/27495710.html.

（三）机器人是对手更是助手

科幻小说作家艾萨克·阿西莫夫1950年在短篇小说集《我，机器人》中描绘的景象越来越接近现实：机器人在很多领域超越了人类，并开始大幅改变人类的生活和未来——但未来究竟会怎样？阿西莫夫提出的"机器人三定律"中的第一条规定，机器人不得伤害人类。但机器人无法为自己的存在造成的后果负责，这些最终只能是由人类来承担和面对。长期以来，人类一直担心机器人会在很多领域取代人类工作，即便是埃隆·马斯克也对机器人持谨慎态度。但现在看来，人类越来越需要通过机器人保障劳动效率、支持人类自身发展。

1. 自动化进程将削减人类员工数量，意味着就业岗位将减少

自动化技术的发展始终伴随着人类对自身被机器替代的焦虑。早在19世纪初，出于对失业的恐惧，暴动工人冲进英格兰的工厂，捣毁了纺织机器，发生了反抗工业化的"卢德运动"。从近代历史看，每一次经济大萧条都会加深人们对自动化的焦虑，更多低收入、低技能工作将在自动化进程中消失，而高收入、高技能工作则较难被机器替代。但低收入、低技能工作被替代后，人们对被机器淘汰的焦虑会更加严重。牛津大学的一项研究预测表明，在未来15~20年，美国将有47%的工作岗位面临被机器人和人工

智能取代的风险①。但在全球经济持续低迷的背景下，现实的问题是，机器人是否能够及时到来，从而挽救受困于劳动力短缺的全球经济。

2. 机器人既消灭传统岗位也创造新兴岗位，但必须重塑技能

根据国际机器人联合会的报告，只有不到10%的工作岗位可能被机器人完全取代，日益显著的趋势是，机器人被用来提升劳动生产活动效率。每个机器人可以替代3个或3个以上的工人，工厂的工人是受影响最大的群体。到2025年，工作自动化和机器人将消灭8500万个原有工作岗位，但同时会创造9700万个新岗位②。抵消后多出1200万个岗位，这看起来是好事，但问题在于被淘汰的劳动者并未得到新的就业岗位，也无法承担新出现的工作，原因主要在于设计、建造和维护机器需要特定的技能。机器人队伍将以越来越快的速度继续壮大，迫使更多劳动者重塑技能，特别是工业、物流领域的从业者，这两个领域的工作最容易自动化。自动化和机器人的触角将触及各行各业，所有人无一例外都

---

① ［阿根廷］安德烈斯·奥本海默. 改变未来的机器：人工智能时代的生存之道［M］. 徐延才等译，机械工业出版社，2020.

② 2022年6月，国家人力资源和社会保障部公布的18个新职业信息，聚焦数字经济发展中催生的数字职业（机器人工程技术人员、增材制造工程技术人员、数据安全工程技术人员、数字化解决方案设计师、数据库运行管理员、信息系统适配验证师、数字孪生应用技术员、商务数据分析师和农业数字化技术员）、碳达峰碳中和发展目标要求下涌现的绿色职业（碳汇计量评估师、综合能源服务员、煤提质工、建筑节能减排咨询师）、新阶段新理念新格局和人民美好生活的需要中孕育的新职业（退役军人事务员、家庭教育指导师、研学旅行指导师、民宿管家、城市轨道交通检修工）。资料来源：李兴萍. 十八个新职业信息向社会公示［N］. 人民日报，2022-06-15（13）.

得适应新的工作生态系统。

3. 机器人有助于缓解老龄化和劳动力短缺问题

推动机器人革命的最大推手将是老龄化社会，老龄化国家需要机器人来补充劳动力，老龄化越严重的国家，对机器人的投资规模就越大，55 岁以上的老龄人口每增加 10%，每 1000 名工人中就会增加 0.9 个工业机器人，老龄化生活也需要大量服务型机器人来照料，这是老龄化社会的刚需。人类只能寄希望于机器人来解决这一问题，而不仅仅是依靠移民。在工厂车间或物流仓库中，运输、分拣和打包机器人正在成为标配。还有专门用于采摘番茄的机器人、结合虚拟现实技术能够帮助医生进行远程遥控手术的机器人等，即便是在餐饮业，劳动时间长、休息时间少，新一代年轻从业者不愿在餐饮行业就职，如何压缩人工成本成为行业发展的聚焦点。上海餐饮品牌熙香艺享将人工智能与机器人技术相结合，打造了一个从预测食客需求到烹调餐食全部由机器人完成的无人饭店，到 2025 年中国餐饮市场规模有望达到 5.56 万亿元人民币。未来一切有助于弥补劳动力短缺、缓解老龄化问题、提高工作效率、降低运营成本的机器人将会层出不穷。

4. 对不同类型岗位和男女岗位的影响不同

机器人将导致非技术工人失业，在低技能工人失业的同时，能够管理机器人的高技能工人将得到新的岗位，并获得更好的薪资和工作待遇。最受影响的是汽车业等制造行业，机器人在这些行业能得到很好的应用。自动化过程中的主要输家将是"蓝领"，智能化和人工智能应用最"受伤"的可能是以劳动力资源为优势的后发展国家或地区。机器人对男性而言是一个特殊的挑战，机器人的日益广泛使用对男性的工作岗位和收入构成的威胁尤其大，机器人取代的传统劳动岗位一般是由男性占据的，而新岗位则主要出现在性别比例更均衡的服务业①。在许多新岗位上，女性更具相对优势，这提高了她们在就业市场上的地位。所谓的"性别工资差距"，即男性和女性的收入差距也会因此缩小。相对而言，机器人的使用意味着，男性工资的下降和女性就业市场参与度的上升。

5. 机器人可以是人类的好助手

全球一些公司正朝着提升智能助手能力的方向积极迈进。韩国三星发布了可帮助做家务的球形机器人 Ballie，根据指令控制几乎所有智能家居设备，还能在出现意外时发出警报。医疗健康已成为机器人长足发展的领域，新型冠状病毒感染进一步加速了这一进程，如丹麦智能机器人提供商 MiR 和西班牙 MTS 技术公司合作开发出一款利用紫外线为医院环境消毒的机器人。消毒机器人还可被改装成向住院病人分发药物的机器人，降低人类在传染风险较高的医疗环境中出现的频率。美国波士顿动力公司打造能测量

---

① Von Hanno Beck, How robots are changing the world of work and love life, Dec 11, 2021, https://www.faz.net/aktuell/wirtschaft/wie-roboter-arbeitswelt-und-liebesleben-veraendern-17665874.html.

体温、呼吸频率、脉搏和血氧饱和度等指标并传输相关数据的医用机器人。北京冬奥会期间，防疫机器人能够扫描手机二维码，检查健康、疫苗接种和旅行记录。在智能餐厅，机器人可以制作汉堡、炒饭和饺子等美食，甚至成为咖啡师或调酒师。一台喷雾消毒机器人能在 1 分钟内完成 35 平方米场地的消毒工作。同时，机器人还将在探测、安全维护、能源保障、国土安全①等方面为人类提供有力的帮助，从长远来讲将彻底改善和改变人类生存生活的方式。

6. 技术变革背景下教育差距和不平等的严肃思考

受过高等教育的人与那些受教育程度较低的人（未完成高中学业）之间的社会差距将不断扩大。受过高等教育的人能更好地适应技术变革并为未来的工作做好准备。对于一个高中没有毕业、在工厂工作的人来说，将自己塑造成一名数据分析师是一件艰难的事情，但对于工程师或物理学家而言，转换到另一个需要创造力和抽象推理能力的工作领域也不会遇到太多困难。社会将分为三大类群体，第一类将是精英人士，能够适应不断变化的技术环境，并获得更多的收益；第二类主要由为精英们提供个性化服务的人组成，包括私人教练、舞蹈教练、钢琴教师、冥想大师和私

---

① 由于人口超低生育率以及自身国防安全的考虑，韩国国防部计划于 2024 年试点部署将边境铁栅栏沿线的巡逻任务从人工改为"有/无人综合警哨系统"，使用搭载人工智能的无人机、机器人或无人哨所对军事分界线沿线进行巡逻和警戒，甚至可以搭载武器装备。

人厨师等；第三类将主要是失业者，可能会作为技术失业的受害者获得全民基本收入作为补偿。历史学家和未来学家尤瓦尔·诺亚·赫拉利（Yuval Noah Harari）将第三类称为"无用阶级"[1]。对于这个群体等级划分的论点我并不认同，因为这背后涉及教育差距和平等的问题，这是人类社会必须面对和解决的问题。技术变革背景下政府需要做的关键之一，是让每一个人作为个体能够得到足够公平、足够充分、足够有效的教育，要让人们知道和感受到，成为一名高技能"工匠"、体育或文娱从业者，甚至是小店主、小摊主，同样也是美好人生的幸福体验。

三、新能源：不仅"风光"

到 2035 年，经济增长对能源需求的依赖性将进一步减弱，能源将不会变成经济增长的限制，技术进步和新能源发展将彻底改变世界能源结构[2]。无论是光伏还是核聚变，人类文明迟早要转向可再生能源，鉴于人类不断增长的能源需求和化石燃料的有限性，未来这种趋势将不可避免。新能源中的风光发电被看好，将成为

---

[1] ［阿根廷］安德烈斯·奥本海默. 改变未来的机器：人工智能时代的生存之道［M］. 徐延才等译，机械工业出版社，2020.

[2] ［俄］亚历山大·亚历山德罗维奇·登金. 2035 年的世界：全球预测［M］. 时事出版社，2019.

实现可再生能源主力电源化的王牌[1]。核电发展将取决于核聚变和微型反应堆的建设，预计到 2050 年人类可以使用上可控核聚变能源。随着新能源实现规模化开发，将为不同国家、不同地区解决一些制约发展的根本问题。例如利用太阳能发电将大大降低电力价格，降低海水淡化设施及技术的运行成本，将有助于解决埃及等国家日益严峻的缺水问题[2]，而这样的问题在全球各地均不同程度地存在。

在化石能源仍占全球一次能源 85% 的情况下，人类能否在未来 30~40 年改变过去 200 多年形成的"气候沉疴"？美国能源部在 2013 年发布的《现在革命：四种清洁能源技术的未来到来》指出：随着风能、光伏太阳能、高效 LED 照明以及电动汽车价格的不断降低及市场规模的不断扩大，将促进形成更清洁、更内化、更安全的能源转变。非洲拥有全球 60% 的太阳能资源，却只拥有世界上 1% 的光伏发电装置。国际能源署认为，提高能源效率、扩大电力网络和可再生能源装机容量，是非洲大陆能源未来的基石。到 2025 年，全球新增光伏发电装机容量预计超过 300 吉瓦，其中

---

[1]　海上风力发电存在一定的成本和运营问题，2020 年底，日本政府决定将设置在福岛县近海的浮体式海上风力发电设施全部撤除。由于设备故障等原因，海上风力发电设施运转率不足，2012 年起该海域设置的三座浮体式海上风电设施已有一座被撤除。

[2]　埃及 95% 的国土面积是沙漠，干旱少雨，人均年用水量仅 560 立方米，是全球最缺水的国家之一。预计到 2050 年，埃及人口将增长至 1.5 亿~1.8 亿，缺水问题更加严峻。埃及现有的 76 家海水淡化厂均由传统化石燃料驱动，每天供应超过 83 万立方米淡化水。由于能耗高、造价贵，淡水价格居高不下。埃及政府计划到 2025 年投资 25 亿美元，新建 17 座由可再生能源驱动的海水淡化厂。资料来源：黄培昭. 埃及计划投建绿色能源海水淡化厂［N］. 人民日报，2021-09-15（17）.

30%多来自中国，到2050年，光伏发电将占全球发电总量的33%，仅次于风力发电。斯坦福大学2017年提出的可再生能源路线图表明，通过太阳能、风能、水力发电和地热能等可再生能源，到2030年139个国家的清洁可再生能源占比达到80%，到2050年，100%的用电需求都能由清洁能源提供①。

以风能、太阳能为代表的可再生能源成本显著下降，较传统化石能源发电的成本优势开始显现，国际可再生能源署的数据显示，在没有补贴的情况下，可再生能源发电成本已低于化石燃料，2020年全球有超过3/4的陆上风电、1/5的太阳能发电项目价格低于最便宜的燃煤、石油和天然气发电成本。日本户田建设公司与大阪大学联合设想开发输出功率为1万千万级、以不固定在海底的漂浮式结构来支撑世界最大海上风力发电设备的商用化。国际能源署《2020年世界能源展望》显示，随着全球煤炭、石油能源需求下降，可再生能源有望在2025年取代煤炭成为主要的发电方式，到2030年时将提供全球近40%的电力供应，到2050年在总发电结构中的占比将达到86%。国际能源署预测，随着能源危机迫使各国向可再生能源转型，全球太阳能蓬勃发展，预计2022～2027年，全球可再生电力装机容量将增加2400吉瓦，相当于2022年中国电力总装机容量，其中到2027年，太阳能发电有望超过燃煤发电。随着太阳能和风力发电项目建设的持续推进，2023年底

---

① 唐一尘. 2050年139个国家有望全部使用清洁能源［N］. 中国科学报，2017-08-30（2）.

中国太阳能和风力发电总装机总量将达到约 9.2 亿千瓦（其中风电装机规模 4.3 亿千瓦，太阳能发电装机规模 4.9 亿千瓦时，此外水电装机规模 4.2 亿千瓦），中国到 2030 年可再生能源装机容量的目标（其中风电、太阳能发电总装机容量到 2030 年达到 12 亿千瓦时以上）将有望提前 5 年实现。

（一）氢能助推"绿色成长"

早在 1874 年，法国作家儒勒·凡尔纳在小说《神秘岛》中就想象氢燃料将取代煤炭。近几十年来，创造"氢经济"的想法侧重于将液态氢作为绿色燃料，尤其是汽车燃料，氢能在能量密度、燃烧能力以及与现有基础设施的兼容性等方面具有优势，氢的能量密度比锂电池高，更加适合长途运输、航空、航海以及钢铁、石化等碳密集型产业。氢气可以利用现有的天然气管道进行运输，代替天然气用于供暖。氢能将推动能源结构从传统化石燃料向清洁低碳燃料转变，氢能要实现普及应用，需具备四个先决条件：一是允许使用现有的燃气管网设施；二是可以大量生产；三是可以用于工业、企业和家庭用户；四是氢能与其他低碳加热技术相比表现良好。到 2040 年，由安装在社区或个人住宅的小型发电机和储电装置组成的分布式系统将得到快速发展，推动全球能源利用朝着"绿氢"方向发展。英荷壳牌石油集团估计，到 2100 年，氢能将占到全球能源消耗的 10%。

1. 从灰氢、蓝氢到绿氢，成本是关键影响因素

氢能是二次能源，必须通过其他物质制取，现有的煤炭、天然气或石油的电厂或机械设备升级改造后可以使用氢能，可最大限度保存大量的巨额资产，全球近99%的氢气制造高度依赖煤和天然气等化石燃料，被称为"灰氢"或"蓝氢"[①]。"灰氢"是经过蒸汽重整过程由化石燃料制成的，每千克的成本约为1美元；生产"蓝氢"采用的是甲烷重整和碳捕获技术，生产成本最低约为每千克2美元；"绿氢"是利用可再生能源生产的电力把水分解为氢和氧两种组成元素加以制取的，由利用可再生电力驱动的电解槽生成，在多数情况下成本约每千克4美元。"蓝氢"直接取代燃煤和天然气电厂发出的电，可有效减少二氧化碳排放，即便是搭配了碳捕捉和封存（CCS）[②]，也只能捕获50%~70%的二氧化碳。因此，"绿氢"是实现"净零排放"的未来趋势。成本是决定氢能能否大规模应用的关键因素，缩小绿氢和灰氢价格的差距需要时间，生产1千克氢需要50~55千瓦时的电力和9~10升水，高达86%的绿氢生产成本花在为电解槽供电上。为进一步降低使用成本，必须大规模扩建可再生能源水解制氢设施，并加速培育氢能市场。未来一段时间，"绿氢"市场竞争力仍将较弱，需要长期投资扶持。

---

① 欧洲各国积极推进"绿色复苏"[N].人民日报，2020-09-02（17）.
② 2021年5月，韩国启动将二氧化碳封存至海底的"碳捕集与封存（CCS）"项目，计划自2025年起的30年里在大陆架年均封存40万吨二氧化碳，这是韩国首个大型CCS项目，也是全球规模最大的CCS项目。

2. 氢能源市场将需要巨大投资并创造3000万个工作岗位

到2030年前，全球将需要投入1500亿美元才能将制氢成本降低到具有竞争力的水平。国际氢能委员会预测，到2050年氢能源将创造3000万个工作岗位，减少60亿吨二氧化碳排放，创造2.5万亿美元产值，在全球能源中所占比重有望达到18%。随着制备技术成本的不断降低和天然气价格的走低，氢能的价格必将进入稳步下行通道，预计到2050年氢能价格将低于50英镑/兆瓦时以下。保守估算，全球氢能行业如要实现有效扩张，到2050年实现氢能供给全球24%的能源需求，针对这一行业的投资需要约11万亿美元。从生产和加工绿氢的机械设备，到通过管道、轮船或陆路进行的国内和国际运输，再到其在燃料电池等各领域的最终运用，"氢经济"相关市场将不断扩大。在氢能储备方面，通过盐穴储氢，在绝大多数情况下可以保证氢能的安全稳定供应[①]。储运环节是当前氢能产业发展的短板，受限于氢气储存方式，氢气运输效率较低、成本高，是制约氢气供应的关键环节。未来随着可再生能源电价进一步下降，制氢、规模化液态储运等技术成熟，氢气到站价格有望大幅降低。

3. 中国作为全球第一产氢大国将进入氢能社会

中国东西部经济发展差异较大，而可再生能源资源禀赋与之不

---

① 姚金楠. 预测2050年氢能可满足英国半数能源需求［N］. 中国石化报，2020-07-10（5）.

相匹配，可再生能源发电的弃电现象严重，大量可再生能源丰富的地区亟待资源开发，资源并未得到充分高效利用[1]。作为全球第一产氢大国，中国氢气产能约为 4000 万吨/年，产量约为 3300 万吨/年，以工业副产氢为主的"蓝氢"制取方式可作为发展初期的氢气供应源，但主要是把氢气作为工业原料而非能源使用。目前，主流的氢产品仍是在生产过程中会排放二氧化碳的灰色氢，但中国已开始生产源自可再生能源的绿色氢。中国是全球最大的电解槽生产国，可以提供低成本的电解槽。到 2050 年，中国将进入氢能社会，氢能占终端消费比例达 10%，氢气需求量达到 6000 万吨，年经济产值超过 10 万亿元，交通运输、工业等领域将实现氢能普及应用，燃料电池车产量达到 55 万台套/年，可减排约 7 亿吨二氧化碳[2]，氢能将与电力协同互补，共同成为中国终端能源体系的消费主体，累计拉动 33 万亿元经济产值，且预计 2050 年平均制氢成本不高于 10 元/千克[3]，甚至是更早实现。

4. 日本旨在成为全球首个氢经济体

2017 年，日本成为全球首个提出国家氢能战略的国家，其核

---

① 中国科学技术协会. 面向未来的科技——2020 重大科学问题和工程技术难题解读［M］. 中国科学技术出版社，2021.

② 交通运输领域用氢 2458 万吨，相当于减少约 8357 万吨原油，约占 2018 年我国石油进口总量的 18%；工业、建筑等领域用氢 3480 万吨，相当于减少约 1.7 亿吨标准煤，约占 2018 年我国煤炭总消耗量的 6.5%。资料来源：《中国氢能及燃料电池产业白皮书》，2019 年 6 月。

③ 中国新疆光伏资源特别丰富，西部剩余能源一旦转化为氢，就可以通过现有天然气管道输送到华东地区，从而缓解能源紧张。光伏电解水制氢成本约为每千克 18 元，1 千克氢产生的热量相当于 4 升汽油，随着氢的使用更加普及，其成本有望大幅降低。

心内容是为氢能创造全球市场，并希望成为全球首个氢经济体。日本"绿色成长战略"规划到2050年将氢能源使用量提高到2000万吨，在交通、发电等行业推动氢能源的普及应用，氢和相关燃料提供的电能要占10%，并为航运或钢铁制造等领域提供相当一部分能源。但目前日本氢燃料用于发电存在高成本问题，1标准立方米的氢约100日元（约合6.3元人民币），远高于相同体积的液化天然气的13日元。如何通过大量制取、运输和利用氢燃料将其成本大幅降低到和液化天然气同等水平，还需要日本政府、企业等合作推进应用研究，政府还需提供大额补贴和税收优惠。

5. 欧盟将"氢经济"作为新的增长引擎

面对"氢经济"带来的机遇，欧盟各国纷纷加大投入。在交通领域，欧洲拥有超过200个加氢站，科隆、罗马、奥斯陆、鹿特丹等城市已投入使用氢燃料电池巴士，未来还将修建更多加氢站，提高氢能源汽车的比例。2020年7月，欧盟发布《欧盟氢能源战略》，并成立"欧洲清洁氢联盟"，将"氢经济"作为新的增长引擎，欧盟计划到2030年将电解槽装机容量提高到40吉瓦，生产1000万吨氢气，预计到21世纪中叶，欧洲氢能市场可创造约540万个工作岗位，年营业额可达到约8000亿欧元，到2050年，氢能在能源结构中的占比提高到12%~14%。英国能源研究机构Aurora能源研究公司的研究预计到2050年，氢能将可满足英国终端能源需求的50%，天然气脱碳后制备的"蓝色氢气"和通过可再生能源制备的"绿色氢气"，每年可合计生产约480亿千瓦时氢能。根据欧盟委员会联合研究中心预测，到 2050 年，氢能将占到欧盟最终消耗能源的 10%~23%。

6. 德国意在成为氢能源技术全球领导者

德国将氢能源作为助推钢铁、化工和交通运输等行业"脱碳"、实现 21 世纪中"碳中和"目标的关键。2020 年 6 月，德国政府出台氢能源战略，成立国家氢能委员会，计划投资 90 亿欧元支持氢能源发展。到 2030 年，预计德国氢能源需求量将达到 90~110 太瓦时，但现有产能显然无法满足需求①。德国计划到 2030 年建成总装机容量为 5 吉瓦的可再生能源电厂，可供生产 140 亿千瓦时的氢能源，到 2040 年可再生能源的总装机容量达到 10 吉瓦。德国将首个氢技术设施"西海岸 100"项目作为氢能源战略的基石和先锋项目，依托充足的风能和优越的地质储藏条件，打造"绿色氢能"完整产业链，海上风电厂将为前期建设的电解水制氢设备提供电能，电解时产生的废热可直接应用到工业领域，副产物氧气将用于水泥厂生产，除并入燃气管道外，氢气还将和水泥厂产生的二氧化碳一起用作生产甲醇，以及转化到航空运输燃料等应用领域。德国保持全球制氢电解设备市场 20% 的份额，如到 21 世纪中叶仍维持这一水平，将为德国创造 47 万个工作岗位，这相当于德国汽车产业的一半②。德国于 2022 年 8 月开通全球首条完全

① 李强. 德国推动发展绿色氢能源 [N]. 人民日报，2020-06-24 (17).
② 花放. 德国加大氢能源技术研发投入 [N]. 人民日报，2021-02-08 (16).

由氢气提供动力的铁路线路，氢动力列车在较短线路上具有优势，氢能列车的速度可达到每小时 80~120 千米，其最高设计速度为每小时 140 千米，这类列车将在欧洲交通去碳化进程中发挥关键作用。德国蒂森克虏伯旗下的乌德公司与沙特阿克瓦电力公司、美国气体和化学制品公司共同制造成本高达 50 亿美元的世界最大电解厂，将成为全球最大的制氢工厂。

（二）核聚变

全球正在推进研究的核聚变反应堆与传统核反应堆相比更加安全，且不会产生二氧化碳排放和高放射性核废物，所需要的燃料氘和氚可以从海洋中获取，将能够像太阳一样提供源源不断的清洁能源供应。核聚变以原料丰富、环境友好和安全可靠等优势将成为人类未来的理想能源，也是最终解决人类社会能源与环境问题的有效途径，对经济社会发展、工业建设具有重大战略意义。距离核聚变发电成为现实可能需要 20 多年的时间，预计 2060 年前人类有望使用上核聚变。核聚变也将很可能彻底改变世界的游戏规则。

但相较于核裂变原理在核电站的成熟应用，人类想要"驾驭"核聚变仍面临诸多难题与挑战。核聚变发生的条件非常苛刻，在人工控制条件下，等离子体的离子温度、密度与能量约束时间"三乘积"必须达到一定值，维持核聚变反应堆中能量平衡的这个特殊条件被称为"劳森判据"（Lawson Criterion）。只有核聚变反应释放出足够多的能量，才可以维持核聚变反应堆的运转并有可观的能量输出，使聚变反应持续进行。

2006 年，中国、欧盟、美国、俄罗斯、日本、韩国和印度共同签署了国际热核聚变实验堆（International Thermonuclear Experimental Reactor，ITER）项目启动协定，该项目是全球规模最大、影响最深远的国际大科学工程之一，也是中国、日本、俄罗斯、欧盟等 30 多个世界主要核聚变研究机构及国际组织合作项目中规模最大的一个项目。作为世界上第一个研发出商业核电站的国家，英国在 2021 年发布《迈向核聚变能源：英国核聚变战略》，由商业、能源和产业战略部统筹制定能源政策、科技政策和产业振兴政策，助力核聚变项目，并关联带动机器人、新材料等相关领域研发。

根据中国核能发展"热堆—快堆—聚变堆"三步走战略，中国的目标是自主研发核聚变能反应堆。其中，新一代"人造太阳"是我国开发核聚变能的重要举措，标志着中国自主掌握了大型先进托卡马克装置的设计、建造、运行技术。2020 年 12 月，由中核集团核工业西南物理研究院聚变科学所研制的新一代"人造太阳"——中国环流器二号 M 装置（HL-2M）实现首次放电[①]。新一代"人造太阳"是中国规模最大、参数能力最高的磁约束核聚变实验研究装置，采用先进的结构与控制方式，等离子体体积达到国内现有装置 2 倍以上，等离子体电流能力提高到 2.5 兆安培以

---

① 樊巍，曹思琦．中国"人造太阳"如何突破"卡脖子"［N］．环球时报，2022-06-25（4）．

上，等离子体离子温度可达到1.5亿度，能实现高密度、高比压、高自举电流运行。该装置同时也是国际上首个具备在兆安培等离子体电流下实现多种先进偏滤器位形能力的核聚变先进研究平台。

2022年12月，美国加利福尼亚的劳伦斯利弗莫尔国家实验室在利用核聚变方面取得突破性进展，首次实现核聚变（Nuclear Fusion）反应的净能量增益，进一步提升了打造净零碳排放社会的前景和期望。由于可控核聚变反应的原料可以直接取自海水，来源几乎取之不尽，外加相比于核裂变（Nuclear Fission）反应，聚变反应的安全性更高，核废料半衰期极短，聚变反应的突破性进展对世界可持续新能源具有重要意义。但核聚变反应距离替代化石燃料和限制气候变化，仍有很长的路要走。

（三）微型反应堆

在全球脱碳进程加快背景下，核电作为不排放二氧化碳的稳定电源将被重新评估，全球采用输出功率在30万千瓦以下小型反应堆的机会将越来越大。微型反应堆功率低、易于维护，通过埋在地下或游泳池里，即使在发生地震等灾害时，也比现有核电站的安全性更高。与现有核反应堆相比，"微型反应堆"是将堆心和冷却剂等所有设备放入胶囊型容器中，气密性和安全性显著提高，可以在人类生活范围内运行。由于使用的是高浓缩铀，微型反应堆可以在不更换燃料的情况下运转25年左右。如果燃料用完了，整个反应堆将被一起回收，这种运行机制尽可能减少了维护的必要性。通过将其安装在地下，还可以降低遭受灾害和恐怖袭击的风险①。

随着"小型化"技术的基础不断扩大，微型反应堆的应用范围也在不断扩大。除了用在偏远地区和灾害地区之外，还将可能在太空中作为运输电源使用。美国国防部选定美国 BWX 技术公司进行可作为应急电源使用的移动型超小型反应堆研究开发。日本三菱重工业公司计划在 21 世纪 30 年代将可用卡车运输的超小型核反应堆投入商用，这个"微型反应堆"高约 3 米，宽约 4 米，重量预计不到 40 吨，最大电力输出设定为 500 千瓦，能够在受灾地区等作为脱碳电源使用。2022 年 4 月，韩国三星重工业公司和丹麦企业西博格技术公司达成协议，联合开展漂浮式微型核反应堆研发，这种漂浮式核电站是模块化的，可以配备 2~8 个 100 兆瓦的反应堆，具体数量取决于电力生产需求，这种漂浮式核电站不仅可以作为现有化石燃料发电设施的替代品，还可以作为工业供热系统、制氢设备和海水淡化设施的电力和热能来源。同时，这套系统的体积小到可以装进集装箱，可以连续工作 12 年而无须更换燃料。"法国 2030"计划将引导总额 300 亿欧元的政府资金流向包括小型"模块化"核反应堆在内的 10 个领域。

（四）植物微生物燃料电池

从长远看，生物燃料的解决方案将变得更加经济，在 2050 年前，生物燃料消费需求的 70% 将来自中国、印度、巴西和其他发

---

① 迷你核反应堆可用卡车运输［N］.参考消息，2022-04-26（6）.

展中国家。到 2050 年，生物燃料可以满足世界运输燃料需求的 27%，而要达到这一水平，必须应用新技术提高农作物、藻类及其他有机物质转化为能源的效率。

全世界还有 16 亿人用不上电，孟加拉国仍有 30%～40% 的人过着没有通电的生活。如果能从地球丰富的植物和微生物中生产出电力，到 2050 年前，全人类将能够及早告别不通电的生活。太阳能、风能等可再生能源因受天气影响，发电量容易不稳定，大规模的发电设施建设也会破坏环境，使用植物和微生物的燃料电池对环境很友好，可以一边种植农作物一边发电，不易受环境影响，能够稳定发电，且无须担心发电会导致作物生长不良、产量下降。

对于植物微生物燃料电池来说，降低电极成本是普及使用的关键，研究人员从竹子、杉树等常见植物中提取碳材料，着手研究可以降低电极制造成本的技术。源自人类活动的甲烷约 10% 是通过水稻产生的，甲烷所产生的温室效应约为二氧化碳的 25 倍，科学家估计当前全球变暖至少有 25% 是由人类活动产生的甲烷导致的[①]。微生物发电有助于抑制甲烷气体，如果能够用微生物产生的电力来驱动监测水田的感应器，就有可能在推进农业信息技术化的同时减少温室气体。

利用常见植物和微生物来发电的技术受到关注。日本山口大学

① 垃圾填埋场是全球甲烷排放的第三大来源，仅次于石油和天然气系统以及农业，甲烷占温室气体排放的约 11%，且在空气中存续时间相对较短，约为 12 年，但甲烷在大气中聚集的热量是二氧化碳的 80 倍。2021 年联合国气候大会，100 多个国家承诺到 2030 年让甲烷排放量比 2020 年减少 30%。

开发出植物微生物燃料电池，利用芋头、茄子等蔬菜和水稻等植物的光合作用所产生的有机物和以有机物为食的微生物的作用来提取电力，产生的电力能够用来点亮小灯泡等[①]。在山口大学和东京农工大学联合开发出在干燥环境下发电的方法之前，植物微生物燃料电池一直被设定为主要利用水田。水稻种植非常普遍的日本有很多水田，便于让植物经常泡在水里，微生物发电还具有抑制水田产生温室气体的功效。

2022年，剑桥大学的科学家开发出新的超薄、灵活，可以漂浮的"人造叶子"，其灵感来自光合作用，原理与传统太阳能发电不同，采用太阳能技术来模拟植物的光合作用，漂浮的"叶子"表面涂有半导体粉末，通过吸收光能将二氧化碳和水转化为可以存储的液态燃料。这是人类第一次尝试在水上生产清洁燃料，现有可再生能源技术需要占用大量土地，而将能源生产转移到水面上就不再占用土地，"人造叶子"可以置于受污染水道、港口甚至海上，全球约80%的贸易是由以化石燃料为动力的货船运输的，如果"人造叶子"最终能应用到海上进行大规模运作，可有效减少全球航运业对化石燃料的依赖。当然，这仅是一个预想。

（五）空气电池

空气电池是新一代蓄电池，其正极使用的是能够吸收空气中氧

---

① Fuel cell with plants and microorganisms Dai Yamaguchi generates electricity while growing vegetables，Apr 18，2022，https：//www.nikkei.com/article/DGXZQOUC0639V0W 2A400C2000000/.

的材料，负极使用的是金属等材料。放电时，金属离子从负极向正极移动，与从空气中吸入的氧发生反应而产生电。在充电过程中，则发生金属离子与氧分离并从正极移动到负极的反应①。由于电极材料价格便宜，根据类型的不同，空气电池制造成本或降到锂离子电池的 1/10 以下。由于负极使用的材料是便宜的铁和锌，制造成本更低。理论上，空气电池在蓄电池中单位体积的电容量最大，但目前还达不到锂离子电池的一半。

空气电池作为一次性电池已经实现实用化。早先的空气电池劣化严重，无法进行充电。近年来，有关企业发现了能够抑制劣化、反复充放电的材料，进一步加速蓄电池研发。如果使用寿命足够长，空气电池将能够应用于无人机等多个领域。空气电池现在主要用于可再生能源储电，其应用范围可能会进一步扩大，更轻的空气电池的研发或将取得进展。

2022 年 2 月，美国初创企业福姆能源公司宣布，将向佐治亚州的电力公司提供容量为 1500 兆瓦时的电力存储设施，使用的是其独立研发的"铁空气电池"，用于可再生能源储电，可存储相当于美国约 4.5 万户普通家庭一天所用电量。福姆能源公司与明尼苏达州的电力公司共同建造了 150 兆瓦时的存储设施。其目标是在电力公司从火力发电等转向可再生能源之际，向其提供存储设备。该公司研发的铁空气电池量的制造成本将达到每千瓦时（容量）

---

① Renewable energy storage facility with air batteries U. S. Shinko, storage facility for 45,000 households, July 4, 2022, https：//www. nikkei. com/article/DGXZQOUC28B2T0Y 2A420C2000000/.

20 美元，不到锂离子电池的 1/10。由于使用具有不燃性的电解质，这种电池具有很高的安全性。

空气电池仍有进一步降低成本的空间，在长期储能方面将有很大发展前景，企业正在利用各种电极材料研发空气电池。日本初创公司科尼克斯系统公司研发的新型铁空气电池，结合氢氧燃料电池的技术，将材料成本降至常规成本的 1/10 以下，目标是 2025 年发售，并用于可再生能源储电等领域。日本 FDK 公司研发的"氢空气电池"，负极使用储氢合金，通过让氢与从正极吸入的氧发生反应产生电能。由于电解液不是具有可燃性的有机溶剂，安全性较高，制造成本最终将与锂离子电池大致相同。美国卡内基—梅隆大学 2021 年 8 月发布的估算数据显示，铁空气电池成本约为每千瓦时 25 美元。锌空气电池容量往往高于铁空气电池，加拿大初创企业锌 8 能源解决方案公司研发使用锌材料的"锌空气电池"，计划建造一个与太阳能发电等相组合的 1.5 兆瓦时设施。该公司制造锌空气电池的成本为每千瓦时 45 美元，不到锂离子电池的 1/4。比利时初创公司 AZA Battery 将于 2023 年开始试生产空气电池，计划于 2026 年开始量产，在 2027 年实现 1.2 千兆瓦时的年产量，制造成本将降至每千瓦时 25~35 美元。

四、医学的"科幻"突破

医疗范式的转变已经完成，融合多学科、链接多领域的精准医学时代即将到来，包括为每名患者量身定制的个性化治疗、干预手段和研究。科学界和医学家们将越来越关注结合人工智能、纳米医学和生物信息工具的技术，利用病毒杀死对抗生素具有抗药性的细菌以及抗癌新疫苗等研发具有广泛前景。基因编辑技术将进一步完善，例如"基因剪刀"（CRISPR）技术和在不改变结构的情况下修复脱氧核糖核酸（DNA）错误的技术[①]。到21世纪末，癌症将得以治愈，靶向治疗技术将让人类远离癌症的威胁，人类的平均寿命将可能提高到120岁，虚拟现实技术和基因技术将为医疗诊断提供更好的支持，也将大大加速人类进化，人类的平均智商也将提高到150。未来医学领域的关键突破将如同"科幻"一般进入人类生活。但如果纳米技术或生物技术不可控，或者基因工程技术变得如同文身一样普遍，抗衰老医疗技术将延长人类寿命，或是人类分裂为多个后人类（Post-human）部落，人类该当如何？

1. 移植手术技术

西班牙是器官捐献和移植领域的领先者，2021年西班牙进行了5000多次移植手术，需求仍在增长，等候名单不断拉长，缺少能够用于移植的器官，科学家未来将在实验室中或使用3D打印机制造器官和组织，还将研发新技术以延长已移植器官和组织的使用寿命，也会在移植手术中利用转基因动物器官，例如将猪肾脏与一名脑死亡女性的血管相连，将猪心脏植入人体内。目前，生

[①] Jessica Mouzo, It's Medicine, Not Science Fiction：The Coming Medical Advances, Apr 6, 2022, https：//elpais. com/eps/2022-04-06/es-medicina-no-ciencia-ficcion. html? rel＝buscador_ noticias.

成一个完整的肾脏非常困难，但可以生成这种器官的缺失部分。同样，类似人造毛囊这类极具市场需求的领域也将得到快速发展①。

2. 手术机器人

机器人将拥有决策权，外科医生只负责在现场监督并告诉机器人在哪个部位进行操作。达芬奇手术机器人凭借铰接臂和3D视觉摄像头，已成为外科医生利用微创技术做高精度手术的最佳工具②。体外机器人手术即将进入手术室，患者的身体不会受到任何形式的侵入，治疗手段将集中作用于器官。10年后，机器人在概念上将更接近独立机器人，它们依赖外科医生运行，但会向外科医生发出警报，以使后者避免出现失误。此外，麻省理工学院还开发出一种能将胰岛素直接送到肠道的机器人药丸，有望用口服药物对抗超级病菌，进而减缓糖尿病患者频繁注射的痛苦。

3. 延缓衰老死亡过程

人类总会衰老和死亡，人体各部分以统一的速度衰老，但并非

---

① 在哺乳动物中，毛囊通常在胚胎中产生，是皮肤细胞和结缔组织之间相互作用的结果，人造毛囊的难度非常难。2022年10月，日本横滨国立大学的研究团队通过改造小鼠的胚胎皮肤细胞，首次成功培育成熟毛囊，这样的发现虽然无法治愈脱发，但将为这一世界难题的最终解决奠定基础。
② 第四代达芬奇手术机器人是世界上最先进的外科手术系统，较第三代机型更纤细、机械臂更长、活动范围更大，结合人手的灵活性和腹腔镜手术的微创优势，能在狭小范围内完成更精细的操作，配合直觉式操控技术，颤抖可自动滤除。

所有组织都是同步老化的，科学家认为通过帮助患者逆转疾病、延缓衰老，将可能让人们活得更久，也更加健康、更有质量地生活。人体内的衰老细胞能够导致许多与年龄增长相关的疾病发生，衰老细胞是指在压力作用下因染色体受损而不可逆地停止分裂的细胞。随着年龄增长，衰老细胞会在机体组织内累积，但迄今尚未发现可以选择性且无副作用清除衰老细胞的方法。京都大学教授、诺贝尔奖获得者山中伸弥2006年发明了将成熟细胞转化为胚胎细胞的技术，证明细胞可以在实验室中再生，之后关于细胞再编程的研究就没有停止过。2021年12月，日本顺天堂大学称已开发出一种抗衰老疫苗，在动物实验中成功改善小鼠与年龄增长相关的病症，能够延长早衰小鼠的寿命，这项成果有望用于阿尔茨海默病等与年龄增长相关疾病的治疗。

4. 精准肿瘤学获巩固

训练免疫系统来杀死肿瘤细胞的免疫疗法是一场伟大的肿瘤学革命，将可能最先在转移性疾病研究领域取得进展，并应用到早期疾病的治疗过程。在寻找新药的过程中，癌症疫苗的分量再次增加，旨在帮助加强和恢复免疫系统的特性。该领域的科学家已转向研发个性化疫苗。嵌合抗原受体T细胞（CAR-T）免疫疗法将得到进一步发展，这种技术涉及从患者身上提取血液，筛选出T淋巴细胞（一种白细胞），并在实验室中对其进行基因编辑以提高其识别癌细胞的能力。精准肿瘤学涉及肿瘤诊断和早期发现。液体活检已在许多医院的临床实践中得到应用，医务工作者通过分析血液来发现某些类型的肿瘤，并基于液体活检结果来调整优化治疗方法。

5. 基因编辑技术

基因编辑将是生物医学领域最大的一场革命，本质上 CRISPR[①]技术就是在基因层面实现文字编辑器的"查找和替代"功能，相对于以前的技术，能够以更快的进度进行基因序列的定位和编辑，具有巨大的医疗潜力，例如可以去除胚胎中引起遗传疾病的基因，避免将疾病遗传给后代，这种技术已用于对血液疾病和先天性黑蒙症进行研究和治疗[②]。2022 年，通过利用 CRISPR 技术，一位患有恶性白血病的 13 岁孩子的免疫细胞得到了基因改造，以便找到癌细胞并予以摧毁，这项重大突破可能成为人类对抗癌症历史的一个分水岭。美国 FDA 已解除对 CRISPR 单碱基编辑技术应用于癌症治疗的禁令。但 CRISPR 技术很容易演变为基因微调（Genetic Tweaking）技术，如为了让后代具有更好的视力、更高的智商等，这让"定制婴儿"成为可能，因此 CRISPR 技术不可避免地受到限制和引发伦理争议。将有更多的国家允许对成人进行基因治疗，英国在 2015 年 10 月成为全球第一个立法允许培育具有两个基因母

---

① 20 世纪 80 年代，微生物学家在细菌中发现了令人费解的 DNA 片段，这些 DNA 片段被称为 CRISPR（规律间隔成簇短回文重复系统），并迅速改变疾病研究方式，癌症生物学家利用这种方法发现肿瘤细胞隐藏的弱点，医生们利用 CRISPR 技术对导致遗传疾病的基因进行编辑。哈佛大学生物学家刘如谦认为："人类基因编辑的时代不是在路上，它已经到达。"

② 生物技术巨大潜力的背后是 DNA 测序能力的超指数增长，这种效率的飙升称为"卡尔森曲线"（Carlson Curve），即每两年基因测序的花费以固定比例减少，增长速度比摩尔定律还要快。

亲和一个基因父亲的婴儿（即"三亲婴儿"）的国家。剪切 DNA 双链，这是对真核细胞最具伤害性的事情，但这个细胞会再生，自我修复。随着 CRISPR 技术的不断完善，对人类胚胎进行编辑可能最终成为治疗各种疾病的安全、有效的方法。哈佛大学生物学家刘如谦开发的碱基编辑器则不会剪切 DNA，只是清除患者的错误碱基并放置一个新碱基，避免了不必要的改动。人类首先通过基因编辑技术消除 β-地中海贫血、亨廷顿病、镰状细胞性贫血等相对容易识别的遗传变异引起的疾病，接着进一步降低人类患上阿尔茨海默病、各种癌症和心脏病的风险，其工作原理是采集人体自身的干细胞，使用基因剪刀编辑有缺陷的基因，然后再将细胞重新导入患者体内。人们希望通过修改基因组来改善自己的健康状况、精神和身体状态以及外貌，但也将面临持续的伦理讨论。CRISPR 技术的影响远远超出了医学范畴，植物生物学家已经编辑了种子，以培育含有新的维生素或具有抵御疾病能力的作物。

6. 微生物组发挥作用

微生物组是一种看不见的"器官"。美国微生物学家马丁·布莱泽在《SOS 微生物》中提到：这种"器官"由数十亿微小的生命形式组成，包括微生物及其"亲戚"。细菌和其他微生物的存在会对人类身体产生一定的功能性影响，现在有益生菌、益生元、粪菌移植等手段，但应对癌症、肥胖症或心理健康障碍等的效果并不是很好。旨在破译细菌如何影响疾病以及如何调节菌群的研究并没有停止，未来的方向是诊断性检测。西班牙国家癌症研究中心通过分析粪便样本中 27 种微生物的分子特征，帮助预测一个人患胰腺癌的风险。

7. 神经科学迎来革命

可以再次行走的截瘫患者，可以让人们用意念写字的芯片等，这些正在变成触手可及的现实。脑机接口就像一个监控大脑活动并通过计算机进行翻译的通信系统，已被证明可有效解决神经疾病患者功能受限的问题，但仍处于起步阶段。当患者丧失神经功能时，脑机接口是恢复功能的选项之一，但还需要证明脑机接口的长期安全性并对其进行监管。2022 年 3 月，英国《自然·通讯》杂志发表了一名完全无法活动的肌萎缩侧索硬化症患者的案例，患者能够通过大脑植入物讲出自己的想法和说出自己的名字，但之后患者的这种能力一直在下降，最终无法进行拼写。在治疗领域，生物医学的进步将体现在不断涌现的新治疗手段上，例如帮助消除以有毒方式积聚在大脑中的蛋白质（比如阿尔茨海默病患者脑中的淀粉样蛋白）。

五、新能源汽车：只是开始

全球新能源汽车在政策和技术进步的加持下大幅扩张，2022 年以来，奥迪、本田、宝马等和比亚迪、长安汽车、北汽集团等相继发布燃油车停减产计划，交通领域低碳化转型成为大势所趋，汽车产业发展已进入全面变革发展阶段，在政策加持、新车型产品力驱动以及供给弹性释放的背景下，新能源汽车在 2025 年前将比化石燃料汽车便宜。预计到 2030 年新能源汽车将占全球汽车销量的 40%，共享出行和电动汽车的使用在 2030 年将得到大幅上升①。亚洲将是全球新能源汽车的主要消费市场②。

（一）燃料电池产业加速

2020 年 6 月，大众、本田、标致雪铁龙和宝马的供应商之一中国宁德时代新能源科技有限公司推出一款可以使用 16 年、续航里程达 200 万公里的蓄电池。特斯拉和通用汽车宣布研发出超长寿命电池。这是电动汽车行业的一次革命，此前的车用蓄电池一般寿命不超过 8 年、续航也不超过 100 万千米。在某些条件下锂离子电池能够有效运转更长的时间，但在现实生活中是不一样的，电动车使用者的驾驶方式、天气和路况，都会对电池寿命产生影响。

---

① 《BP 世界能源展望（2018 年版）》曾预测到 2040 年全球乘用车总量达到 20 亿辆，其中电动汽车超过 3 亿辆，插电式混合动力汽车和纯电动汽车将平分天下。2020 年全球汽车保有量约 14.46 亿辆，其中新能源汽车保有量 1023 万辆，同比增长 42.7%。全球汽车拥有量前 20 位的国家共约有 11.97 亿辆汽车，占全球汽车保有量的 82.7%，其中中国内地 2.81 亿辆（如包含港澳台地区，则突破 3 亿辆），美国 2.71 亿辆，共占全球汽车拥有量的 38.1%。2022 年，中国新能源汽车产销分别完成 705.8 万辆和 688.7 万辆，同比分别增长 96.9% 和 93.4%，连续 8 年保持全球第一，全球销量占比超过 60%。其中，纯电动汽车销量 536.5 万辆，同比增长 81.6%；插电式混动汽车销量 151.8 万辆，同比增长 1.5 倍。全球新能源汽车销量排名前 10 的企业中中国占据 3 席，动力电池装机量前 10 企业中中国占据 6 席。资料来源. 我国新能源汽车产销连续 8 年全球第一［N］. 人民日报，2023-01-24（1）.

② 中国将是全球新能源汽车主导力量之一，也将是重要的消费市场，同时日韩在新能源汽车领域有长期积累，印度塔塔、越南温纳集团（旗下的 VinFast）自有品牌发展迅速，泰国成为日系汽车的重要基地，泰国、印度尼西亚等东南亚国家电动车普及速度将快于预期。

智能电池时代，传感器测到的气温可以作用于电池的各个组件，这将有助于提高对电池的诊断能力，从而提高电池的寿命。到2025年电池组价格将降至96美元/千瓦时，到2030年将降至70美元/千瓦时，电池的研发和制造将主要来自中国、美国、韩国和日本。预计到2050年，全球对电池市场投入将达到5480亿美元，其中2/3将用于电网方面，其余则在电表、家庭和企业等。

LG化学公司和三星SDI①等韩国企业在东欧建立工厂，宁德时代新能源科技公司在德国中部图林根州启动欧洲第一座工厂。2022年8月，宁德时代宣布计划投资73.4亿欧元在匈牙利设立欧洲第二家电池厂，设计装机量为100吉瓦时，是德国工厂的7倍。日本企业中，东丽公司在匈牙利新建一个锂电池隔膜工厂，生产用于锂电池相关材料的日本瑞翁公司，也考虑在欧洲进行生产。德国是欧洲汽车工业的中心，德国将建立创新可持续的电池生产作为重中之重，并将创造数以万计的就业岗位②。德国通过"欧洲共同利益重大项目（IPCEI）"资助巴斯夫、宝马、欧宝等企业的电池项目，未来德国的电动车电池将主要从德国本地获得。日本电产（尼得科）投资19.1亿美元在塞尔维亚建设电动汽车发动机工厂，计划到2023年达到20万~30万台的生产规模。

---

① 三星SDI是三星集团在电子领域的附属企业，三星SDI（中国）是指中国三星的显像管生产部门，在天津、上海、深圳、东莞建设有工厂。

② 2023年1月，宁德时代德国工厂启动锂离子电池电芯量产，该工厂最终年产量将达到3000万枚电芯，可装配18.5万~35万辆电动汽车。资料来源：德国大力资助本土电池业发展［N］.人民日报，2020-07-08（17）；陈希蒙.宁德时代德国工厂投产［N］.经济日报，2023-01-30（4）.

2020 年 9 月，美国电动汽车制造商特斯拉提出可将电池能量提高 5 倍、续航里程提高 16%、功率提高 6 倍的全新"4680"电池，并宣布计划在 3 年内生产出价格为 2.5 万美元（约合人民币 17 万元）的电动汽车。特斯拉提出的终极目标是每年生产多达 2000 万辆电动汽车，这几乎是汽车业巨头大众汽车 2019 年销量的两倍①，如果可能，特斯拉将成为全球最大的汽车制造商。目前中国最大的两大动力电池厂商比亚迪和宁德时代都在探索不同的技术路径，如比亚迪的刀片电池以及宁德时代的新型电池集成技术。特斯拉已在探索电池回收技术，同时将电池中的钴减少到几乎为零。从中长期看，随着国内市场不断成熟以及新能源汽车制造商深耕细分市场，本土电动车品牌仍有很好的发展前景。

此外，俄罗斯和德国的研究人员发现，可用具备特殊结构的钠替代稀有且昂贵的锂来制造电池。使用新技术制造的钠电池比目前普遍使用的锂电池造价低，但容量丝毫不逊色。锂电池之父约翰·古迪纳夫于 2019 年获得诺贝尔化学奖。目前广泛用于制造电池的锂是一种稀有且昂贵的金属，钠电池成本远低于锂离子电池，仅为锂电池的 1%。因为钠本身价格低廉、储量丰富，而且其化学性质意味着，可用轻质且廉价的铝代替铜作为电池辅材。测试结果表明，新的三层结构钠离子电池的每克容量与传统石墨阳极锂离子电池相当，约为每克 335 毫安时。世界最大电池制造商宁德时

---

① 2019 年，大众全球销量为 1097.46 万辆，美国约占 22%，日本约占 21%，欧洲约占 10%，中国市场销量为 423.36 万辆，约占 15%。2020 年大众全球销量为 930.5 万辆，2021 年下降 4.5%，为 888.2 万辆。

代已经着手开发生产新一代、便宜很多的钠离子电池，电动汽车和电池制造商比亚迪也计划在新的车型上使用钠离子电池，未来还将有更多的企业将目光投向钠离子电池。

随着燃料电池和电动汽车的发展，车用电力将逐年提高，预计到2040年，全球电动汽车充电网络投资将超过1万亿美元，而在交通领域净零排放情景下，将需要安装约50亿个充电桩，投资额超过1.4万亿美元。到2040年，全球电动汽车电力需求将达到4700太瓦时，超过美国2021年电力总消费量，占全球电力需求的10%~13%。到2050年，可能达到8800太瓦时以上，超过中国2021年电力总消费量，在全球电力需求中所占比重将达到16%~21%。

（二）2035，告别燃油车

近年来，欧盟加速绿色转型，将逐步淘汰燃油车作为减排工作的关键点。2023年3月，欧盟议会和欧盟成员国批准"禁售燃油车计划"，从2035年开始在欧盟境内停止销售新的燃油车，包括混合动力汽车，在乘用车和轻型商用车领域，欧盟将只接受纯电动汽车以及氢燃料电池汽车。欧盟各国新能源车推广步伐不一致，挪威将在2025年起禁止销售燃油车，2022年挪威新车销售中电动车占比接近80%[①]，但在欧洲一些地区电动车销量占比仅有12%。

---

① 根据挪威道路联合会（OFV）公布数据，挪威电动车销售市场占比从2011年的2.9%提高到2021年的65%，2022年进一步上升到79.3%，特斯拉成为销量最高的品牌。

欧盟各国充电站建设速度也不一致。根据欧洲汽车工业协会统计数据，在欧盟 27 国加英国范围内，到 2025 年仅有英、法、德三国可以建成超过 1000 个综合充电站。

2021 年以来，国际大型车企陆续宣布未来将停售燃油车，"停售燃油车"已成为必然，转向新能源汽车的发展趋势"不可逆转"。中国车企方面，比亚迪成为全球首个停止燃油车生产的企业，2022 年 3 月起停止燃油汽车整车生产，专注于纯电动和插电式混合动力汽车业务。长安汽车在 2017 年公布"香格里拉计划"，到 2025 年将实行全面停售传统燃油车；北汽集团在 2018 年宣布到 2025 年全面停售燃油车；吉利汽车集团旗下领克品牌提出到 2025 年，全系产品都将搭载领克智能电混技术，实现产品电气化，2023 年新能源汽车销量占比超过 50%。欧洲车企方面，2021 年欧洲电动车销量达 230 万辆，同比增长 66%，占全部新车销量的 19%。宝马集团将于 2030 年在欧盟停售燃油车；大众集团到 2035 年在欧洲市场停售燃油车，奥迪计划 2026 年后发布的新车型全部为纯电动版，从 2033 年开始停产柴油车和汽油车；梅赛德斯奔驰宣布从 2025 年起，所有新车型都将完全由电力驱动；瑞典汽车制造商沃尔沃将从 2030 年起不再生产燃油汽车；意大利—法国汽车集团从 2030 年起在欧洲只销售电动车，子公司欧宝将提前告别汽油和柴油；福特欧洲宣布到 2030 年将乘用车产品线全部转为纯电。日本车企方面，丰田汽车将在 2030 年前在中国停售燃油车，本田汽车于 2040 年全面停售燃油车，日产汽车在 2021 年发布"日产汽车 2030 愿景"，5 年内投资 176 亿美元研发和销售纯电动与混合动力车型，计划到 2025 年后停售燃油车。

2022 年，全球电动汽车销量达到 780 万辆，同比增长 68%，占所有新车销量的比重首次达到 10%，这将是全球电动汽车市场的重要里程碑，10%的占比要比之前普遍预测的 2030 年的到来提前了 8 年。中国和欧洲市场是全球电动汽车 2022 年强劲增长的主要动力，中国和欧洲电动汽车销量分别增长 19%和 11%，德国作为欧洲最大的汽车市场，2022 年电动汽车占新车产量比例达到 25%，尤其是 2022 年 12 月，德国的电动汽车销量已经超过了传统燃油汽车。当然，新能源汽车也将面临全球经济走弱、供应链问题缓解、补贴减少等因素影响，将在一定程度上减缓普及推广步伐。

（三）氢能源汽车才是未来

使用氢作为"燃料"的氢能源汽车，具有无污染、高效率、载重高、加注快和续航长等显著优势，氢能来源于绿色可再生资源，从生产源头到实际运用，均可实现 100%零排放，发展氢燃料电池汽车，被视为新能源汽车的终极目标。全球主要经济体都推出了氢能源发展战略，不断加大扶持力度推动氢燃料电池汽车产业。截至 2021 年底，全球氢燃料电池汽车保有量为 49562 辆[①]，较 2019 年翻一番，其中韩国实施较为激进的推广措施，其氢能源

---

① 2022 年全球氢能汽车销量 18457 辆，全球保有量达到 6.7 万辆以上，截至 2022 年底，全球在营加氢站达到 727 座，其中中国累计建成加氢站 358 座，在营 245 座。

汽车保有量占全球的 39%，美国占 25%，中国和日本则分别占 18% 和 15%。

日本在 2014 年就制定了《氢燃料电池战略路线图》，计划到 2025 年前后，把氢燃料电池汽车与混合动力车的价格差距缩小到 70 万日元（1 美元约合 105 日元），日本利用东京奥运会作为推动实现氢能社会的重要契机[①]。韩国在 2019 年公布《氢能经济发展路线图》，将"引领全球氢燃料电池汽车和燃料电池市场发展"作为目标；2020 年现代汽车发布全球首款量产氢燃料重型卡车，满载重量达到 36 吨，加氢时间仅需 8~20 分钟，续航里程可达 400 千米，到 2025 年，韩国将打造氢燃料电池汽车年产量 10 万辆的生产体系；到 2040 年，氢燃料电池汽车累计产量将增至 620 万辆，氢燃料电池公交车力争达到 4 万辆，氢燃料电池汽车充电站增至 1200 个。韩国政府认为如果有关氢能产业政策能够顺利得到落实，到 2040 年可创造 43 万亿韩元（约合 2171 亿元人民币）的年附加值和 42 万个工作岗位。

中国高度重视氢能源汽车领域发展，在一系列产业政策支撑下，中国氢能源汽车产业将逐步进入提速期，氢燃料电池客车市场渗透率到 2025 年、2035 年、2050 年将分别达到 5%、25% 和 40%，氢燃料电池物流车的市场渗透率 2030 年、2050 年将分别达到 5%、10%；氢燃料电池重卡的市场渗透率 2025 年、2035 年、2050 年将分别达到 0.2%、15%、75%。到 2035 年，中国市场有

---

① 刘玲玲等.多国力推氢能产业发展［N］.人民日报，2020-10-30（16）.

望推动普及 100 万辆氢燃料汽车，到 2050 年，中国氢燃料电池汽车保有量将达到 3000 万辆①。

（四）自动驾驶和飞行汽车

近年来，无人驾驶汽车技术相继取得突破，众多汽车厂商都在进行大规模投资，一批科技企业加快布局研发，涌现了一批初创企业。预计到 2030 年无人驾驶汽车将取得突破性进展、实现产业化。2020 年百度旗下的"阿波罗"项目在湖南长沙和河北沧州开展了自动驾驶出租车的测试使用，当年 10 月在北京投放 40 辆自动驾驶出租车，覆盖北京亦庄、海淀和顺义等地区路线；滴滴出行在上海等地布局"未来出租车"。根据麦肯锡的预测，中国将是全球最大的自动驾驶市场，到 2030 年，自动驾驶汽车总销售量将达到 2300 亿美元，而基于自动驾驶的出行服务订单将达到 2600 亿美元。深圳市自 2022 年 8 月 1 日起施行国内首部关于智能网联汽车管理的法规，意味着深圳成为首个对 L3 级乃至更高级别自动驾驶放行的城市。同月，重庆、武汉两地率先发布自动驾驶全无人商业化试点政策，并向百度发放全国首批无人化示范运营资格。随着人口增速放缓，未来劳动力成本将变得更高，老一辈司机将进入退休，民众受教育程度进一步提高也将导致愿意投入出行行业的人越来越少，无人驾驶从长远来看有助于填补劳动力缺口。

如同 20 世纪汽车重塑城市面貌一样，历史经验和当前趋势表

---

① 马明轩．"氢能社会"，30 年后到来［N］．中国石化报，2020-10-23（5）．

明自动驾驶将在 21 世纪完成同样的深刻变革。共享的自动驾驶出租车可以为一个城市减少大约 90% 的车辆，大多数人都不再需要自己的汽车，停车浪费的空间（如在美国停车空间占一些城市建成面积的 20%）可以用于住宅或公园，交通成本将进一步下降。更为高效的道路以及更少的需求可能会改变城市的结构，当人们越来越习惯于按需获取出行时，越来越多的交通将由无人驾驶汽车来完成。同时，自动驾驶汽车将由电力驱动，可以减少汽车尾气排放，极大减少碳排放压力。通过降低快递成本，自动驾驶的快递车可显著扩大本地产品（如食品）的需求。在发展中国家，数十亿人可能将放弃购买汽车，交通事故及其造成的伤害事件将急剧下降[1]。

1. 到 2035 年，驾驶汽车可能会逐步成为过去式

无人驾驶将带来生活方式的深刻改善，无人驾驶技术将降低事故和死亡率，城市街道上 1/3 到一半的车辆将被移除，无人驾驶汽车将接送乘客或在城外停车。购买汽车将不再是家庭的必选项目，将会有更多的家庭和人们选择使用能够提供更加便宜、更加有效的共享汽车服务。根据瑞银银行的一项研究，到 2060 年，私人车主的数量将减少 70% 以上。自动驾驶汽车的生产成本也将远低于传统汽车，因为不需要方向盘、制动器和油门踏板，也不需要普

---

① ［美］梅琳达·盖茨等. 超级技术：改变未来社会和商业的技术趋势［M］. 中信出版社，2017.

通汽车上的许多配置，轻质碳纤维将让汽车空间更大、抗冲击性更强。更长远来看，随着事故逐渐减少到接近零，自动驾驶汽车可能不再需要挡泥板、安全气囊甚至安全带，同时几乎所有的自动驾驶汽车都将是电动汽车。当然，从驾驶汽车到乘坐无人驾驶汽车，人们将必须改变既有的习惯，适应选择无人驾驶汽车最初的"无聊"。卡车司机和出租车司机将成为最先受影响的群体，将会有越来越多的全自动大型卡车，到2025年，美国高速公路上超过1/3的卡车将完全实现自动化，这将对美国350万名专业卡车司机（还不包括数百万从事相关工作的人）群体造成很多影响。此外，还应关注的是，随着互联网的持续发展，网购和居家消费、居家办公等将更加普遍，打车软件的全球化兴起，以及人们对气候变化的担忧和更多年轻人生态意识的强化，汽车消费、驾驶汽车将可能不再是人们的人生强制选项，汽车消费热潮将可能在2060年后逐步消退。

2. 电动化且自动驾驶的飞行汽车将可能是未来的新出行方式

摩根士丹利2018年12月围绕电动垂直起降（eVTOL）主导的城市航空的未来发布预测报告，预计2040年飞行汽车的市场规模将达到1.5万亿美元。科技公司将垂直起降车辆的研发视为明天的成功行业，这种飞行汽车利用"电动垂直起降"技术在不同位置间移动，这将有助于在未来消除交通拥堵的困扰。飞行汽车把具备自动驾驶功能的纯电动汽车（EV）和乘用型无人机结合起来。2020年8月，日本"天空驾驶"公司将汽车提升到离地面数英尺高的地方，汽车载着 1 名乘客在半空中盘旋了 4 分钟①；涉足直升机、飞机业务的斯巴鲁和川崎重工业启动飞行汽车研究；日本住友商事株式会社携手美国贝尔直升机公司，力争在 2025 年将"飞行汽车"推向实用化；日本政府 2018 年 9 月放宽限制，允许无人机在人口稀疏地区等进行视距外飞行。日本将力争在 2025 年大阪世博会上实现本国的首次商用飞行，以促进"飞行汽车"的普及。近年来，中国已部署新型运载工具研发，推进空中交通服务，上海在打造探索未来产业过程中，探索空中交通新模式，打造未来空间产业集群②。预计到 2030 年飞行汽车将可以进行商业示范运行，21 世纪 30~50 年代有望实现城市空中交通，2050 年以后有望实现立体智慧出行。飞行汽车有望最早在物流运输领域使用③。空中出租车将成为趋势性选择，并步入人类现实生活。

　　未来的飞行汽车必须具备垂直起降功能才能融入地面交通系统，平台构型、飞控驾驶和动力推进是飞行汽车的三大关键技术。在飞行汽车领域领先的是欧美企业，欧洲空中客车、德国奥迪和意大利设计公司将推进被称为"Pop·Up·Next"的飞行汽车计划。由丰田等企业参与出资的 JOBY 公司，力争在 2024 年实现空中汽车的商业运营，研发的空中飞车可搭载 5 人（包括飞行员在内），最高时速为 320 千米，续航里程约为 240 千米。2022 年 10

---

① Japan's flying car takes off with a person on board, Aug 28, 2020, https：//www. dailymail. co. uk/wires/pa/article - 8673961/Japan - s - flying - car - takes - person - board. html.

② 上海打造未来产业创新高地发展壮大未来产业集群行动方案，2022 年 9 月。

③ 王培琳. 2050 年以后有望实现立体智慧出行［N］. 海南日报，2021-09-16（3）.

月，该公司向日本国土交通省提交空中飞车的型号合格证申请。亚洲企业纷纷加紧布局开发飞行汽车，2022年2月，新加坡政府公布吸引eVTOL（电动垂直起降飞行器）企业的计划，德国沃洛科普特公司在新加坡地标性建筑滨海湾金沙酒店周边试飞eVTOL，计划于2024年在新加坡实现"空中出租车"商业运营。吉利控股集团在2020年开始布局"天地一体"智慧立体出行生态；在瑞典斯德哥尔摩"eCarExpo 2022"电动汽车展上，小鹏汇天发布第五代智能电动载人飞行器——旅航者X2，续航时间可达35分钟，适用于未来的低空（低于1000米高度）交通出行，设计最高飞行时速为130千米/小时。以色列新未来交通公司开发阿斯卡驾驶与飞行技术，可以垂直起飞并自主飞行长达240千米，其设计理念旨在提供一种可以在空中移动500千米并在地面上行驶100千米的个人用车辆。2022年12月，阿联酋民航总局发布了全球首个关于垂直起降机场的国家法规，旨在支持航空业发展和促进全球投资。沙特阿拉伯耗资5000亿美元的"新未来城"（NEOM）正在开发航空环保交通系统，将飞行出租车作为全新交通方式引入城市建设。摩根士丹利的预测显示，到2040年全球"飞行汽车"市场规模将达到1万亿美元，到2050年将达9万亿美元，届时中国将占全球市场的23%，仅次于美国的27%。

六、"石油时代"的落幕

过去10多年，可再生能源已经从高昂的价格逐步成为更加廉价的能源，清洁技术的成本大幅降低，而且还将继续降低，全球风能和太阳能占全球电力增长的比重已经达到 75%，而在 2008 年的时候还仅为 20%。全球很多咨询机构的研究报告表明，化石燃料工业文明将在 2025~2030 年崩溃，各大行业届时将与化石燃料脱钩，转而依靠日趋便宜的太阳能、风能和其他可再生能源以及伴随发展的零碳技术。到 2028 年，全球太阳能和风能发电比例将占到 14%，全球能源结构迎来拐点。目前，占石油消耗量 62.5% 的运输业加快与化石燃料脱钩。新能源汽车的增长比 10 多年前的预期要快得多，2018 年，电动汽车销量仅占全球汽车销量的 2%，2021 年全球狭义新能源汽车销量达到 623 万辆，同步增长达到 118%，市场渗透率达到 7%①。根据彭博新能源财经（BNEF）的预测，到 2028 年，电动汽车销量将占全球汽车总销量的 20%，而根据国际知名咨询公司 AlixPartners 的预测，到 2028 年，全球电动汽车销量占比将达到 33%，到 2035 年将达到 54%。总的来看，电动汽车销量及占比必将逐年攀升，且速度可能要比预测更快。全球许多巨型电力公司正在迅速脱离化石燃料行业，转向绿色能源，并为客户建立新的能源服务商业模式。越来越多的家庭将利用太阳能和风能发电供自己离网使用或出售给电网。而一些关键技术的突破将使太阳能更加的普及或大众化，例如英国牛津光伏太阳能公司通过给传统太阳能电池板涂上一薄层钙钛矿，将使下一代

---

① 市场渗透率（Market Penetration Rate）是对市场上当前需求和潜在市场需求的一种比较。影响商家的利润、消费者的收益，即预期市场需求/潜在的市场需求。

太阳能电池板的发电量较传统硅基太阳能电池板提高近 1/3，降低清洁电力的总体成本，硅太阳能电池能够将最高达 22% 的可用太阳能转化为电，这将是自 20 世纪 50 年代太阳能技术问世以来太阳能发电领域的首次巨变①。

　　未来 10 年，电池成本将出现进一步下降，这将催生巨大的新兴市场。2020 年，北欧国家挪威的电动车销量达到全部汽车销量的 54.3%，成为全球第一个电动车销量超过新车总量一半的国家。2021 年，中国新能源汽车产销分别达到 354.5 万辆和 352.1 万辆，同比增长均为 1.6 倍，市场占有率提升至 13.4%。根据英国"碳追踪者"咨询公司（Carbon Tracker）在 2020 年 11 月的调研报告，到 2030 年中国的电动车转型计划预计将大幅降低石油需求，降幅将达到 70%，这将有助于终结"石油时代"。新兴市场从汽油和柴油发动机转换为电动汽车（EV）每年可节省 2500 亿美元，全球石油需求的预期增长削减多达 70%。电动汽车产量的增加将大幅降低石油进口成本。石油进口占中国 GDP 的 1.5% 和印度 GDP 的 2.6%。根据国际能源署（IEA）的预测，到 2030 年，电动车将占中国汽车销量的 40%②，印度汽车销量的 30%。每辆石油动力汽车

①　Jillian Ambrose, UK firm's solar power breakthrough could make world's most efficient panels by 2021, https://www.theguardian.com/business/2020/aug/15/uk-firms-solar-power-breakthrough-could-make-worlds-most-efficient-panels-by-2021.

②　根据德勤的预测，到 2030 年中国市场纯电动汽车产销量将超过 1500 万台，占新能源总销量的 90%；宝马集团的预测，到 2030 年新能源车占比或达到 50%~60%；比亚迪的预测，到 2030 年新能源车在中国市场占比有望达到 70%，中国汽车品牌的市场占比有望达到 60%。

平均进口石油成本是太阳能动力电动车所需成本的 10 倍。

石油消费或将无法回到新型冠状病毒感染前的水平，这是由石油供给和需求两方面因素决定的。在供给方面，页岩油等新开采技术的出现使石油的竞争对手越发有力。在消费方面，汽车占世界石油消费的 45%，而电动汽车和太阳能发电等新技术的推广将不断削弱石油的地位。石油正在从"唯一"变成"其中之一"，尤其是石油的燃料功能正在迅速下降。但石油依然是战略上、经济上最重要的一种能源形态。石油作为时代标签的功能可能会逐渐退出，但作为一种重要的能源和原材料仍将继续长期存在①。人类社会将快步进入多能源供给时代。

作为一种理想能源，石油在未来一定时期内仍然难被替代。与煤炭和天然气相比，石油的适用性要好得多。与页岩气和其他可再生能源相比，石油的可获得性和开采成本要低很多。即使从环境保护的角度看，石油也要好于煤炭。作为能源的石油份额下降了，但作为原料的石油仍然重要。长远来看，石油的原材料功能将远高于其作为能源的功能。因此，能源意义上的"石油时代"将会终结，但原材料意义上的"石油时代"远未到来。更重要的是，"石油时代"是否终结，对于不同国家和地区，其意义和程度也不相同。对于产油国尤其石油出口国来说，"石油时代"可能真要终结了。

---

① 张家栋．预言"石油时代"落幕为时尚早［N］．环球时报，2020-09-30（14）．

"石油时代"的未来，在世界、区域和国别三个层次上呈现不同特征。"石油时代"无论是转型还是终结，对人类社会都不一定是坏消息。过去 50 年中，石油价格每次大涨后，世界经济都会衰退。石油是世界经济的血液，但也是世界经济的一个魔咒。在这种情况下，能源格局多元化、石油用途多样化，与国际格局多极化一样，都将为人类社会带来福音。

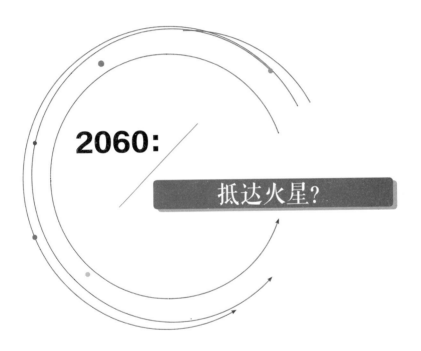

2060:

抵达火星？

地球是人类的摇篮，人类不会永远生存在摇篮中。20世纪，人类开启对外太空的探索，1969年，随着登月计划的实现，人类迈出了离开地球家园的第一步。埃隆·马斯克认为有一天人类会成为跨星球生存（Cross Planet Survival）的生物，走到地球之外去延续人类生命，扩大人类认知的规模和范围，目标是建立自给自足的火星文明。人类将可能在2060年前后实现首次登陆火星，人们将开始向专业公司寻求冷冻自我，目的是"移民"到未来，人类太空旅行的成本将大大缩小，时间也将更快。只是这些是否会如期到来？

一、为何要迁往火星

为什么要走向火星？回首地球和人类的发展史，地球历史上出现了多次剧变时期，每逢剧变，数以百万计的生物在短时间内消失殆尽，这种"灭绝事件"可能是由于地球和某些小行星碰撞引起的，碰撞掀起的尘烟遮天蔽日长达数月甚至数年，还可能引发破坏力巨大的海啸，距今约6500万年前，很可能就是由于一颗小行星撞击地球，导致绝大部分种类的恐龙灭绝①。"迁徙"是人类永恒的话题，迁徙到陌生环境需要新的技术和新的技能，同样也

①　［美］大卫·克里斯蒂安. 极简人类史：从宇宙大爆炸到21世纪［M］. 王睿译，中信出版集团，2016.

需要具备适宜人类生存的环境和条件，正如 13000 年前，人类通过穿越冰河时代连接东西伯利亚和阿拉斯加的白令陆桥，进而抵达美洲，并深入到南美洲的南部地区。

留在地球还是星际移民？人类要更好地理解宇宙的本质，以确保能够去不同的行星生活，确保生命可以成为跨越星球的存在。即使人类付出了最大的努力，来自外部的力量或者来自内部的非受迫性失误依然可能导致人类文明的毁灭，在此之前人类只能搬到另一个星球生活。从 2016 年 9 月埃隆·马斯克发表 "Making Humans a Multiplanetary Species" 的演讲以来，移民火星成为全球性话题和人类进步的一个 "大目标"。

在太阳系里，火星是自然环境与地球最为接近的星球，两者几乎都形成于约 45 亿年前，组成成分也相同，有核、幔、壳。火星与地球有着相似的自转周期，一个火星日大约是 24 小时 37 分钟，而且，火星也有四季更迭。从外形上看，火星半径约为地球的 50%，体积为地球的 1/7，大气为地球的 1%。火星的温度接近地球的南极，富含氧化铁的土壤是风和水双重侵蚀作用产生形成的，表明火星曾经存在过大量的水和大气。火星早期大气环境与地球十分相似，并且有液态水痕迹，这为可能存在生命提供了有力证据，但火星水或许无法孕育生命[①]。火星与地球的相似性令不少科

---

① 火星上寒冷和极度干燥的环境意味着其表面极微小的一点水都会结冰或直接蒸发，这导致火星有多达 40% 的表面存在稳定且含盐的水体，但只是季节性的，这意味着外星生命可能无法在火星上的水里苗壮成长。英国剑桥大学牵头的研究首次利用除雷达信息以外的其他数据作为独立证据，于 2022 年 9 月发表研究成果证明火星南极冰盖之下存在液态水。

学家认为，可将火星改造成适合人类居住的第二家园。

然而，如果人类从地球消失，这个曾经的家园将会如何？城市将会发生最直接和剧烈的变化，没有人类利用抽水机分流雨水和不断上涨的地下水，伦敦、纽约、上海和香港等大城市的地铁将在人类消失几小时内被淹灌。炼油厂和核电站的故障无人检修，将会导致大规模火灾、核爆炸和毁灭性的核辐射。大片农田、荒地将覆盖一半的地球宜居土地。不再使用杀虫剂和其他化学物质，农田中的昆虫将很快卷土重来。全球范围内生物多样性将加快提升。没有人类的影响，整个世界将是一片巨大的荒野①。人类是生命的代理人，有义务确保地球上的生物生生不息。

二、人类探索火星：历程与未来

人类探测火星起步于 20 世纪 60 年代，到 2020 年底，全球共实施了 44 次探测火星活动，其中完全成功的只有 19 次，即使算上部分成功的，也仅有 23 次，成功率约为 53%，主要原因是火星距地球遥远、环境复杂。从探测器上发出电波，经过几亿千米传到地球后十分微弱，再加上宇宙噪声，所以很容易把传输信号淹没掉，这对火星探测器测控通信系统提出很高的要求，火星探测器

① Bryce, E., What would happen to earth if humans went extinct?, Aug 16, 2020, https://www.livescience.com/earth-without-people.html.

收发的信号传输延时很长，这就要求探测器有较高的自主性①。同时，火星离地球远、引力比月球大，这对火星探测器的发射、通信、控制、供能、入轨、着陆和工作等各环节技术提出了很高要求，最难的是在火星表面着陆。探测器进入火星大气层后，要先后经历气动减速段、伞降减速段、动力减速段和着陆缓冲段，每一阶段都必须严格按程序自主执行，难度很大。

1. 1960~1975 年，是人类探测火星的探索起步期

在此期间，美、苏两国共进行了 23 次发射，苏联是火星探索的先驱，1960~1969 年，苏联发射过 9 个火星探测器，但均以失败告终。1960 年 10 月 10 日，苏联发射第一个火星探测器"火星1A 号"，按计划，这个探测器计划飞过火星，但其在发射后出现故障，残骸坠落在西伯利亚。在"火星1A 号"发射失败 4 天后，"火星1B 号"发射，但这个探测器也失败了②。1962 年 11 月 1 日，苏联发射自动星际站"火星1 号"，计划在距离火星大约 1.1 万千米的地方掠过，但到 1963 年 3 月 21 日，这个航天器在前往火星途中与地球失去联系。1964 年，苏联又向火星发射两个探测器，但这两个探测器相继以失败告终。1969 年，苏联再向火星发射两个探测器，但第一个探测器在发射后 7 分钟因发动机故障发生爆

---

① 杭添仁．阿联酋"希望"号拉开多国"探火"大幕［N］．参考消息，2020-07-21 (8)．

② 郑永春．火星探测极简史［J］．科学，2021 (4)．

炸，第二个探测器发射后不到 1 分钟就坠向地面[①]。

在冷战大背景下，美国想在火星探索竞赛中击败苏联。1964 年，美国航空航天局喷气推进实验室进行了两次探索火星尝试。"水手 3 号"和"水手 4 号"探测器，旨在实施首次飞过火星的行动。"水手 3 号"于 1964 年 11 月 5 日发射升空，但由于出现故障，导致任务失败。1965 年 7 月 14 日，"水手 4 号"在火星表面上空掠过，地球首次收到从另一个星球上空拍来的照片，这是人类有史以来第一个成功到达火星并发回数据的探测器。"水手 4 号"拍摄的火星表面照片展现了充满陨石坑的、死寂的场面。在"水手 4 号"探测后，科学界普遍认为，即使火星存在生命，也只是简单生命，而非智慧生命。

2. 1971 年首次实现软着陆

20 世纪 70 年代之后，火星探索迎来了高潮期，美国和苏联许多探测器飞往火星，甚至还有探测器有史以来首次成功在火星表面着陆。1971 年 11 月 27 日，"火星 2 号"着陆器由于计算机故障而坠毁，成为首个落到火星表面的人造物体。12 月 2 日，"火星 3 号"着陆器成为第一个实现火星软着陆的人类航天器，但在到达火星表面 14.5 秒后传输信息终止。由于火星探测耗资巨大，加之美苏竞争重点转移，美国大力发展航天飞机，而苏联则大力发展

---

① 候涛，王潭．探索火星贯穿人类航天史［N］．环球时报，2020－07－28 (13) ．

空间站，此后火星探测进入低潮期。苏联在解体前实施过最后一次火星探索，1988 年 7 月 7 日，"福波斯 1 号"发射升空，7 月 12 日，"福波斯 2 号"发射升空，但都以失败告终。

3. 1997 年，探测车登陆火星

1992 年 9 月 25 日，美国国家航空航天局发射"火星观察者号"探测器，用于研究火星地表、大气、气候和磁场。在"火星观察者号"星际航行阶段，与地球失去联系。20 世纪 90 年代中期之后，火星探索活动开始密集起来。1997 年 7 月 4 日，"火星探路者号"在火星地表着陆，"索杰纳号"火星车是首部在火星上工作的探测车。除美国外，俄罗斯和日本在 20 世纪 90 年代中后期发射过火星探测器，但都以失败告终。从 1990 年开始，迅猛发展的科学技术催生了火星探测的新热潮。多个国家加入探测行列，成功率大幅增长。火星探测方式主要为着陆和巡视探测，目标是寻找火星水存在的证据和生命迹象。

4. 21 世纪，火星探索进入新一轮高潮期

印度于 2013 年发射了低成本探测器，并于次年 9 月进入火星轨道，使印度成为首个拥有绕火星飞行航天器的亚洲国家，但该探测器于 2022 年 10 月因推进剂耗尽而失去联系。2020 年 7 月，中国首次火星探测任务"天问一号"成功发射，探测器包括一辆可行驶于火星表面的火星车。随着火星探测参与国家的日益增多、发射成功率的提升，世界主要航天国将目光投向了更远，即在

2030 年左右实施火星采样返回探测①，以及在更远的未来载人登火。火星探测的复杂性势必需要更多新技术、新材料的支撑，这将促进航天科技的发明与创新。

三、进击火星

在太阳系里，八大行星以太阳为核心公转，形成了八个环形轨道，其中地球位于三环，火星在四环运行。探测器要想冲出地球抵达火星，绝不是简单地从"三环"跨越到"四环"，而必须经过10 个多月的长途跋涉，这将是一个直线距离突破 4 亿千米的旅程。要经历发射入轨段、地火转移段、火星捕获段、火星停泊段以及离轨着陆段②。2020 年地球与火星的距离比较近，成为执行火星任务的理想年份，这样的机会每 26 个月出现一次，能以较少的时间和燃料向火星发射探测器。NASA 登陆火星的时间表要保守很多，预计至少要到 2033 年才会有第一批人类搭载 NASA 资助的火箭登上火星。

---

① "天问三号"将于 2029 年 9 月左右登陆火星，取样完成后与在火星轨道等待的轨道器交会交接，转移样本容器至返回器，并于 2030 年 10 月底离开火星轨道启程返回，最终在 2031 年 7 月返回地球，这比美国国家航空航天局（NASA）和欧洲航天局（ESA）的火星联合任务提前两年。

② 郑蔚．"天问一号"怎么去火星？为什么去火星？［N］．文汇报，2020-07-20（3）．

（一）火星探测掀起新高潮

火星探测是当今航天技术的前沿和航天强国的重要标志。美国、欧洲航天局、中国和俄罗斯是现在和未来火星探测最为核心的梯队和力量。2020 年，美国"毅力"号火星车、阿联酋"希望"号和中国"天问一号"火星探测器抓住 7 月下旬至 8 月上旬"发射窗口"先后升空。所谓航天器的发射窗口是指适合运载火箭发射的一个时间范围。以火星探测器为例，地球和火星都围绕太阳运行，地球在里圈运行，运行一圈要 365 天；火星在外圈运行，运行一圈要 687 天，地球离火星之间的距离是不断变化的，最近的距离有 5500 万千米，最远的距离在 4 亿千米以上。为节省燃料和成本，一般在发射火星探测器都选择在地球与火星距离较近的时候①。但这个发射时段并不是火星离地球最近的时候，最省能量的轨道叫霍曼转移轨道，采用这种轨道可以很好地利用地球和火星的公转运动，要求火星探测器从地球发射时，火星位于地球前方约 44°。发射火星探测器一般是在地球与火星最近时刻，即火星、地球和太阳依次排成一条直线前 2~3 个月②。

三个探火任务各不相同。"天问一号"聚焦研究火星形貌和地质构造特征、表面土壤特征与水冰分布等。"希望"号是世界上第一颗火星气象卫星，用于全面探测火星大气，研究低空天气变化、

---

① 庞之浩 . 火星探测又掀新高潮［N］. 人民日报，2020-08-12（17）.
② 杭添仁 . 阿联酋"希望"号拉开多国"探火"大幕［N］. 参考消息，2020-07-21（8）.

沙尘暴现象等。"毅力"号火星车专注于寻找生命痕迹，为未来火星采样返回和载人登火做准备，如试验把火星稀薄大气中的二氧化碳转化为氧气等。美国"毅力"号火星车携带一架小型无人驾驶直升机"机智"号。由于火星大气密度只有地球大气的1%，"机智"号有两组螺旋桨，每组采用两个特制碳纤维叶片，可以每分钟2400转的速度反向旋转。

阿联酋首个火星探测器"希望"号由日本H2A运载火箭从日本鹿儿岛发射升空，是阿拉伯世界首个深空探测器，重约1.5吨，设计寿命两年，将在距火星表面2万~4万千米的轨道上环绕火星运行，约每55小时绕火星一圈。"希望"号是世界第一颗火星的气象卫星，用于全面探测火星大气，研究火星气候变化、低空天气变化、沙尘暴预报等，将寻找火星天气与古代气候之间联系，并有望成为第一个提供火星大气全貌的探险。

美国用"宇宙神-5"火箭发射"火星-2020"火星探测器，携带的"毅力"号火星车用于收集火星内部岩石和土壤样本，未来发射探测器将把样本带回地球；携带的火星氧元素原位资源利用实验仪，将占火星大气96%的二氧化碳转化为氧气，这对于未来探索火星的航天员至关重要；携带的世界第一架小型无人驾驶直升机"机智"号，将前往漫游车难以到达的地区或生物敏感地区进行区域勘探[1]。

人类进一步开启太空经济，所谓"太空经济"，是指包括各种

---

① 欧盟发力与SpaceX"太空竞争"［N］.参考消息，2020-07-07（11）.

太空活动所创造的产品、服务和市场以及形成的相关产业，空间技术与产品、卫星应用、太空资源利用、太空能源、航天支援与保障服务等都属于太空经济范畴①。根据美国银行的预测，未来20年太空经济年均增长将达到10%以上，全球太空经济市场规模将由2022年的4690亿美元增加到2030年的约1.4万亿美元。

（二）中国：向天一问

"天问一号"任务不仅是中国首次火星探测任务，也标志着中国行星探测计划的"问天之旅"走出第一步，逐步形成整体概念，深空探测挺进更深远的宇宙。"天问一号"的最大亮点是一次发射实现火星环绕、着陆和巡视三项任务，这在人类火星探测史上是前所未有的。中国的深空探测能力和水平将实现跨越式发展，成为世界第三个在火星着陆的国家，第二个在火星巡视的国家。中国旨在到2049年获得太空主导地位②。火星任务标志着一个国家真正致力于研发使人类得以抵达、了解并有朝一日移居遥远星球的能力。中国的火星战略是其庞大太空后勤基础设施的组成部分。中国正在建设真正独立的太空基础设施，包括独立的北斗卫星系统、月球部署能力、独立的空间站以及火星探测任务。

登陆火星将提高中国的自动深空探索能力。由于火星上存在大

---

① 太空经济中更具未来感的部门是太空采矿业，小行星采矿初创公司 AstroForge 计划启动太空任务，目标是在深空搜寻、开采和提炼金属，该行业的潜在优势在于能够降低开采稀有金属的成本，减少在地球上进行开采所产生的大量二氧化碳排放。

② Namrata Goswami, Why Is China Going to Mars?, The Diplomat, Jul 14, 2020, https：//thediplomat.com/2020/07/why-is-china-going-to-mars/.

気层，因此着陆器需要配备隔热罩、降落伞和推进器，以便在降落火星表面时减速，这些功能都必须实现自动化。此外，地球与火星进行一次通信需要等待约 40 分钟，也就是说火星车将必须具备高超的自动化性能，必须具备自主决策能力。中国希望成为深空探索领域的有力竞争者。中国的火星车将携带总共 6 种载荷，其中包括可以描绘火星地下状况，甚至探寻永久冻土迹象的探地雷达。"天问一号"和美国"毅力"号将成为首批携带探地雷达执行任务的火星车。

"天问一号"将实现火星环绕和着陆巡视，对火星开展全球性、综合性的环绕探测，并在火星表面开展区域巡视探测。"天问一号"面临的是 100 多倍于地月的距离，一次任务实现"绕、着、巡"的三个目标，跨越式突破注定会带来更大难题。虽然中国不是第一个向火星发射探测器的亚洲国家（印度 2014 年成为首个向火星发射轨道飞行器的亚洲国家），但中国首次独立尝试火星任务就实现全部三大成就（包括环绕、着陆和巡视火星）产生令人折服的效果（"天问一号"是人类星际探测史上第一台一次性完成"环绕、着陆、巡视"，以及在火星开展全球巡查和精细探测的探测器），标志着中国空间科学领域走向成熟。在火星之前，新一代载人运载火箭将在 2030 年左右具备将中国人送上月球的能力，而重型运载火箭研制成功后，将把中国地月转移轨道发射能力提升至 50 吨，支撑月球开发活动。

中国已经在重型运载火箭、航班化航天运输系统、国家空间基础设施体系、探月工程、载人登月①、深空探测等方面取得了积极进展，到 2030 年中国将跻身世界航天强国前列，到 2045 年将全面建成航天强国。中国研制的重型运载火箭长征九号箭体直径达到 10 米级，高度 110 米左右，研制成功后低轨道的运载能力将达 150 吨，地月转移轨道的运载能力将达 50 吨以上，将力争在 2030 年左右完成首飞，这将为未来进击火星提供保障。中国计划在 2030 年左右实施"觅音计划"，对太阳系外是否有适宜人类居住的行星进行探测，也将力争在 2030 年建成由高轨服务、轨道转移和高效低成本运输三大系统组成的在轨服务与维护系统。②

四、登陆火星：2060？

在大小和吸引力方面与地球最接近的是金星，但火星是更匹配的星球。火星表面的温度和太阳光比太阳系其他任何地方都更加接近地球。当然这并不意味着火星立即适于居住，高辐射和 0.16% 的氧气浓度（地球上的氧气浓度是 21%），意味着人类将生活在加压建筑内，以免受到极端温度的影响，并能生产可供呼吸的空气。淡水必须从其他地方运来或就地制造。一种可能性是人类住在地下洞穴或火山隧道里。

如果说人类登上火星或是有朝一日在火星上定居甚至繁衍，可

---

① 中国计划在 2030 年前实现载人登陆月球，同时建造月球科研试验站，并开展科学探索。资料来源：中国载人登月初步方案公布［N］．人民日报，2023-07-13（1）．

② 星辰大海的征途，中国将这样迈进［N］．文汇报，2023-01-26（3）．

能听起来有点牵强，但别忘了 1000 年前，还没有人到过新西兰。100 多年前，还没有人踏上过南极冰冷的平原，54 年前，还没有人踏上过月球粉状的表面。人类登陆火星，从技术来看在 21 世纪是可以实现的。2022 年 3 月，美国国家航空航天局（NASA）宣布计划在 30 年代末或 40 年代初将宇航员送上火星，并将在月球上学习到的生存及操作方法应用到太阳系中，到达火星前 NASA 将先执行一次无人任务，将包括一辆能载人的火星漫游车在内的约 25 吨物资和硬件送往火星。美国政府计划在 2030 年为 NASA 提供 260 亿美元预算。

（一）怎样登陆火星

美国太空探索技术公司（SpaceX）设计了用于将人类送向月球和火星的大型可重复使用航天器"星舰"（Starship）原型机 SN5，并于 2020 年 8 月首次完成空中悬停试验，为这种未来航天器进一步发展扫清了障碍。尽管目前距离人类借助这种航天器登陆火星还有相当长的距离，但这让我们看到了这种飞行器协助人类重返月球的曙光，这将可能改变太空探索的游戏规则。SpaceX 在德克萨斯州博卡奇卡基地生产了更多的"星舰"，其中一艘可以尝试飞向距离地面 20 千米的高空。SpaceX 的最终目标是使用名为"超重型"的更大推力火箭，将"星舰"送入轨道，为太空运送巨型载荷、卫星、望远镜和科学探测器①。

---

① Stephen Clark, SpaceX clears big hurdle on next-gen Starship rocket program, Space-flightnow, August 5, 2020, https://spaceflightnow.com/2020/08/05/spacex-clears-big-hurdle-on-next-gen-starship-rocket-program/.

SpaceX 的远期目标还包括"在轨加油"功能，使重返月球之旅成为可能。美国国家航空航天局（NASA）选择 SpaceX 的"星舰"，与蓝色起源和 Dynetics 公司一起竞争载人月球着陆器项目。"星舰"是 SpaceX 的马斯克太空计划的核心，未来"星舰"可以载着 100 人一起巡游火星。从现实角度看，登陆月球可能是首先要考虑的。虽然 NASA 将商业化的"星舰"作为在月球轨道和月球表面之间运送航天员的天地往返工具，但 NASA 计划在 21 世纪 20 年代依靠政府支持的"太空发射系统"（SLS）重型火箭和"猎户座"乘员舱，将航天员从地球运送到月球附近，进而重返月球。SLS 和"猎户座"飞船为在 2024 年前将人类送上月球提供了机会，2021 年 5 月，SpaceX 的"星舰"成功进行了高空飞行测试，SpaceX 的"星舰"将改变太空探索游戏规则。

（二）在月球建立燃料工厂

探测显示月球南极附近的凹陷处，有些区域因得不到太阳照射而存在着水冰，如果能将其用作饮用水和燃料，有望加快太空开发速度。月球表面起降设备和月面载人移动设备已被列入"国际太空探测路线图"，各国太空机构和组织都参与其中。根据日本宇宙航空研究开发机构的测算，在月面起降一次需要用到 37 吨水，在月面移动一次需要用 21 吨水。如果利用在月球获取的水来进行 5~7 次月面探测，比从地球运水成本更低[①]。日本宇宙航空研究开

[①] Japan aims to build lunar fuel plant in mid - 2030s, Sep 28, 2020, https：//www.sankei.com/article/20200928-RZWLU2LESJOLTHD4LBHIULSYKQ/.

发机构将与美国合作建设绕月空间站"Gateway"，并于 2035 年前后利用有冰存在的月球南极地带在月球表面建设燃料工厂制造液氧和液氢，未来可开发为火箭燃料供深空旅行使用，以获得往返于空间基地和在月球表面移动所必需的动力，减少从地球运输燃料的时间和费用，以力争实现大范围月球探测的目标。中国科学家已经开始探讨使用机器人作为"超级泥瓦匠"在月球上建设基础设施，而要"在月亮上盖房子"必须克服没有水、低重力、频繁的月震和宇宙射线辐射等多重挑战，至少还需要 30 年甚至更长的时间。

（三）清理太空垃圾

越来越多的国家加入轨道发射活动，但太空垃圾不断增加的势头令人担忧，废弃的卫星、火箭助推器残片、太阳能电池板，抑或简单的螺母和螺栓在地球上方数百千米处以每小时约 2.8 万千米的速度移动，对未来太空任务构成的风险越来越高，这将会产生所谓的"凯斯勒综合征"，即指随着太空垃圾越来越密集，将造成卫星偏离轨道或遭到撞击并产生连锁反应，进而导致大量卫星被毁变成太空垃圾，形成太空垃圾旋涡①。目前宇航员和卫星面临的风险仍处于可控水平，但太空碎片的指数级增长将会进入无法承受的状态。各国努力避免将卫星送入相对较低（距地表 100～600 千米）的轨道，因为那里已经存在着大量的太空垃圾。在此背景下，欧洲寻求在清理环绕地球飞行的太空垃圾这样一个相对平淡

---

① "凯斯勒综合征"由美国科学家唐纳德·凯斯勒于 1978 年提出。

却同样重要的领域成为先锋。欧洲航天局是全球首个决定展开空间清理任务的机构，并于 2019 年 10 月委托诞生于瑞士洛桑联邦理工学院的瑞士清洁太空公司设计了第一台太空垃圾清理设备，并计划在 2025 年底前发射。2020 年 12 月，日本的住友林业公司和京都大学宣布将推出木制人造卫星，以应对太空垃圾问题和保护地球大气层。这种木制卫星焚毁时不会产生危害大气层的有害物质，在返回过程中也不会产生碎片。这项工程的关键在于开发能有效抵抗气温变化和阳光照射的木质材料。

（四）建造外星基地

国际知名天体物理学家吉列姆·安格拉达—埃斯库德肯领导实施在火星上建造和维护一座城市"女娲"项目，该项目由 30 多位不同学科的专家合作展开，是从 2020 年火星城市设计竞赛中世界各地提交的 175 个方案中脱颖而出，其目的是打造出可行、宜居和自给自足的火星城市[①]。推进剂制造厂、太阳能发电站、食品生产、铁矿石精炼厂都是火星实现自给自足所需要的"工业基本要素"。人类要在火星上生活，关键是要首先进行地球化改造，即把火星寒冷、空洞的大气变得更像地球大气，虽然不是不可能，但绝非易事，因为火星上的挥发性物质（例如水、氮和二氧化碳）不足以形成必要的大气层，可能需要几代人的不懈努力才能建成

---

① Blai Felip Palau, This is how the first humans will live on Mars, Jan 18, 2021, https：//www. lavanguardia. com/magazine/personalidades/20210118/6181579/vivir - marte - proxima-frontera-ciencia-ficcion. html.

地球 2.0。

如果利用月球基地呢？从月球起飞需要的燃料更少，月球重力较小，使用同一枚火箭可以达到更高的运载能力。如果可以在月球进行制造，则可以向火星发射有效载荷达 100 吨甚至 200 吨的火箭，但这将需要在月球上进行基础设施建设。由于缺少足够的水和碳，在月球上出现的燃料问题将比在火星上更棘手。因此，必须开发替代燃料。

在火星建造一座城市必须评估火星上存在的元素是否足够开发一座城市，尤其是能否自给自足制造出所需的所有零件。原则上只要有能源，几乎可以做任何想做的事情。那么，从哪里获取能量？最显而易见的是太阳能，还有核能，只要有小型核反应堆，就可确保恒定的能源，但是基础设施的能源应主要来自太阳能，这是最丰富的能量。2021 年 7 月，俄罗斯国家航天集团公司下属的阿森纳设计局提议，可使用"宙斯"号核动力空间拖船将反应堆运送到火星上空，然后将反应堆伞降到火星表面，接着启动反应堆，为火星基地供应能源。

地球上存在的问题必须在人类难以生存或无法呼吸之前就地解决。建造火星城市，即便 100 年后最多可能会有 100 万人在那里居住，就地球上的人口而言，这 100 万人无法解决任何问题。与其说是从地球逃往太空，不如说是将火星、太空与地球融合。同时，迁往火星必须构建不同的生活类型、不同的社会组织，并设计出新的法律、社会和政治制度，让人们能够看到火星生活的吸引力。

人类终将开启新的征程！

参考文献

［1］Afshin Molavi, Food insecurity heats up with rising temperatures, Asia Times Online, Aug 29, 2022, https：//asiatimes. com/ 2022/08/food-insecurity-heats-up-with-rising-temperatures.

［2］Blai Felip Palau, This is how the first humans will live on Mars, Jan 18, 2021, https：//www. lavanguardia. com/magazine/personalidades/20210118/6181579/vivir-marte-proxima-frontera-ciencia-ficcion. html.

［3］Bryce, E. , What would happen to Earth if humans went extinct?, Aug 16, 2020, https：//www. livescience. com/earth-without-people. html.

［4］Cape Town, Dakar, Lagos and Nairobi, Many more Africans are migrating within Africa than to Europe, The Economist, Oct 30, 2021, https：//www. economist. com/briefing/2021/10/30/.

［5］Ciara Nugent, Aging Populations Can Be Good for the Climate Change Fight, The Times, 2023, https：//time. com/6250060/aging-population-climate-change-japan/.

［6］Dani Rodrik, Making the Best of a Post-Pandemic World, May 12, 2020, https：//www. project - syndicate. org/commentary/

three－trends－shaping－post－pandemic－global－economy－by－dani－ro-drik－2020－05？barrier＝accesspaylog.

［7］David Belcher, A New City, Built Upon Data, Takes Shape in South Korea, Mar 29, 2022, https：//www. nytimes. com/2022/03/28/technology/eco－delta－smart－village－busan－south－korea. html? searchResultPosition＝1.

［8］Debbie White, Plastic pollution spreads to"pristine"Antarctica, The Times, Jun 8, 2022, https：//www. thetimes. co. uk/article/plastic－pollution－spreads－to－pristine－antarctica－q0kqrhk9.

［9］Decarbonization Strategy：Consider Effective Support Measures, Dec 27, 2020, https：//www. yomiuri. co. jp/editorial/20201226－OYT1T50246/.

［10］FAO, IFAD, UNICEF, WFP and WHO. 2022, The State of Food Security and Nutrition in the World 2022, https：//www. fao. org/3/cc0639en/online/cc0639en. html.

［11］Fountain, H, Loss of Greenland Ice Sheet Reached a Record Last Year, Aug 20, 2020, https：//www. nytimes. com/2020/08/20/climate/greenland－ice－loss－climate－change. html.

［12］Fuel cell with plants and microorganisms Dai Yamaguchi generates electricity while growing vegetables, Apr 18, 2022, https：//www. nikkei. com/article/DGXZQOUC0639V0W2A400C2000000/.

［13］Gideon Rachman, Lousy demographics will not stop China's rise, May 5, 2021, https：//www. afr. com/world/asia/lousy－demographics-will-not-stop-china-s-rise-20210505-p57p1y.

[14] Japan aims to build lunar fuel plant in mid-2030s, Sep 28, 2020, https://www.sankei.com/article/20200928 - RZWLU2L ES-JOLTHD4LBHIULSYKQ/.

[15] Japan's flying car takes off with a person on board, Aug 28, 2020, https://www.dailymail.co.uk/wires/pa/article - 8673961/Japan-s-flying-car-takes-person-board.html.

[16] Jessica Mouzo, It's Medicine, Not Science Fiction: The Coming Medical Advances, Apr 6, 2022, https://elpais.com/eps/2022-04-06/es-medicina-no-ciencia-ficcion.html? rel=buscador_noticias.

[17] Jessica Nieto, Laboratory-manufactured meat, vegan eggs, insects, algae…This is how innovation and sustainability will change our way of eating, Apr 24, 2022, https://www.elmundo.es/tecnologia/innovacion/working-progress/2022/04/24/6262bd6ffdddff37698b459a.html.

[18] Jillian Ambrose, UK firm's solar power breakthrough could make world's most efficient panels by 2021, https://www.theguardian.com/business/2020/aug/15/uk-firms-solar-power-breakthrough-could-make-worlds-most-efficient-panels-by-2021.

[19] Jonathan Amos, China's forest carbon uptake underestimated, Oct 28, 2020, https://www.bbc.com/news/science - environment-54714692.

[20] Joseph S. NYE JR, COVID - 19 Might Not Change the

World, Oct 9, 2021, https：//foreignpolicy. com/2020/10/09/covid-19-might-not-change-the-world/.

［21］Kara Lavender Law, The United States' contribution of plastic waste to land and ocean. Science Process, Oct 30, 2020, https：// www. science. org/doi/10. 1126/sciadv. abd0288.

［22］Leo Lewis and Edward White, Nappy manufacturers shift focus in China from infants to elderly, Nov 29, 2021, https：// www. ft. com/content/6fc578dd-72b3-40a9-b906-324e7ae2c91a.

［23］Leo Lewis, From Tokyo to Beijing, growing old is hard to do, Dec 7, 2020, https：//www. ft. com/content/12cfe237 - c77d - 46b7-a2cc-93a9385461d9.

［24］Liu, Y. J. , China's retiring "baby boomers" a shot in the arm for tourism, fitness and insurance sectors：Credit Suisse, Sep 14, 2020, https：//amp. scmp. com/business/china － business/article/ 3101383/chinas － retiring － baby － boomers － shot － arm － tourism － fitness-and.

［25］Luis Villazon, Vertical farming：Why stacking crops high could be the future of agriculture, Science focus, Sep 24, 2022, https：//www. sciencefocus. com/science/what-is-vertical-farming.

［26］Mario Herrero, Innovation can accelerate the transition towards a sustainable food system, May 19, 2020, https：//www. nature. com/ articles/s43016-020-0074-1.

［27］Martin Kölling, Roboter secure the future of the Japanese economy, Dec 8, 2021, https：//www. handelsblatt. com/politik/international/serie-das-bessere-wachstum-roboter-sichern-der-japanischen-volkswirtschaft-die-zukunft/27495710. html.

［28］Martin Rees, On the Future：Prospects for Humanity, Princeton University Press, 2018.

［29］Matthew Loh, China's millennials are shunning marriage at alarming rates, and it's creating a nationwide population crisis, Insider, Apr 20, 2022, https：//www. insider. com/china-marriage-rate-millennials-drop-nationwide-crisis-women-affluence-economy-2022-4.

［30］Mia Castagnone, China's food security concerns boost soon-to-expire trend, industry set to be worth US $6 billion by 2025, South China Morning Post, Mar 20, 2022, https：//www. scmp. com/economy/china-economy/article/3170985/chinas-food-security-concerns-boost-soon-expire-trend.

［31］Namrata Goswami, Why Is China Going to Mars?, The Diplomat, Jul 14, 2020, https：//thediplomat. com/2020/07/why-is-china-going-to-mars/.

［32］Oliver Wainwright, Metropolis meltdown：the urgent steps we need to take to cool our sweltering cities, https：//www. theguardian. com/artanddesign/2022/jul/14/climate-crisis-metropolis-meltdown-urgent-steps-cool-sweltering-cities.

［33］Pettway, J. , AI is a new weapon in the battle against counterfeits, The Wall Street Journal, Aug 7, 2020, https：//www. wsj.

com/articles/ai – is – a – new – weapon – in – the – battle – against – counter-feits – 11596805200？ mod = searchresults&page = 2&pos = 19。

［34］Renewable energy storage facility with air batteries U. S. Shin-ko, storage facility for 45, 000 households, Jul 4, 2022, https：//www. nikkei. com/article/DGXZQOUC28B2T0Y2A420C2000000/.

［35］Richard Webb, The population debate：Are there too many people on the planet?, Newscientist, Nov 11, 2020, https：//www. newscientist. com/article/mg24833080 – 800 – the – population – de-bate – are – there – too – many – people – on – the – planet/.

［36］Sal Gilbertie, China Food Crisis? Rising Domestic Prices And Large Import Purchases Send A Signal, Jul 28, 2020, https：//www. forbes. com/sites/salgilbertie/2020/07/28/china – food – crisis – ris-ing – domestic – prices – and – large – import – purchases – send – a – signal/#39db03f71bcb.

［37］SOO, Z., China Becoming Battleground for Plant – Based Meat Makers, Sep 11, 2020, https：//www. usnews. com/news/busi-ness/articles/2020 – 09 – 11/china – becoming – battleground – for – plant – based – meat – makers.

［38］Stephen Clark, SpaceX clears big hurdle on next – gen Star-ship rocket program, Spaceflightnow, Aug 5, 2020, https：//space-flightnow. com/2020/08/05/spacex – clears – big – hurdle – on – next – gen – starship – rocket – program/.

［39］Sutic Biswas, Is India ready to become the world's most populous country?, BBC, Nov 25, 2022, https：//www. bbc. co. uk/programmes/w3ct33pw.

[40] The Global Risks Report, 2021 16th Edition, January 2021, World Economic Forum.

[41] The World in 2050, Pricewater house Coopers, Feb 7, 2017, https：//www. pwc. com/gx/en/research － insights/economy/the-world-in-2050. html.

[42] Tom Whipple, Scientists create plastic-munching enzyme to clean up mankind's mess, The Times, Sep 29, 2020, https：//www. thetimes. co. uk/article/scientists － create － plastic － munching － enzyme-to-clean-up-mankinds-mess-q8s0mvqkq.

[43] Valentina Romey, Big cities drive half of the global economic growth, Financial Times, Dec 8, 2022, https：//www. ft. com/content/24dbcc0f-7974-48d7-9824-ab86b58a3a29.

[44] Vollset, S. E. , Goren, E. , Yuan, C. W. , et al. , Fertility, Mortality, Migration, and Population Scenarios for 195 Countries and Territories from 2017 to 2100: A Forecasting Analysis for the Global Burden of Disease Study, Jul 14, 2020, https：//www. thelancet. com/journals/lancet/article/PIIS0140-6736（20）30677-2/fulltext.

[45] Von Hanno Beck, How robots are changing the world of work and love life, Dec 11, 2021, https：//www. faz. net/aktuell/wirtschaft/wie-roboter-arbeitswelt-und-liebesleben-veraendern-17665874. html.

［46］Wang, O., China's pensions gap forces rural peasants to labor into old age, Inkstonenews, Aug 24, 2020, https：//www.inkstonenews. com/society/chinas － pensions － gap － forces － rural － peasants－labor－old－age/article/3098648.

［47］2021 年亚洲食品挑战报告, https：//www. cnbc. com/2021/09/22/asias－food－spending－set－to－double－to－more－than－8－trillion－by－2030. html.

［48］2022 年通信业统计公报, 国家工业和信息化部. https：//www. miit. gov. cn/gxsj/tjfx/txy/art/2023/art_ 77b586a554e64763ab2c2888 dcf0b9e3. html.

［49］［美］阿什利·万斯. 硅谷钢铁侠：埃隆·马斯克的冒险人生 ［M］. 周恒星译, 中信出版社, 2022.

［50］［美］埃里克·布莱恩约弗森, 安德鲁·麦卡菲. 第二次机器革命 ［M］. 蒋永军译, 中信出版社, 2016.

［51］［美］艾里克·克里南伯格. 单身社会, 沈开喜译, 人民文学出版社, 2017.

［52］［美］爱德华·A. 费吉鲍姆, 帕梅拉·麦考黛克. 第五代：人工智能与日本计算机对世界的挑战 ［M］. 汪致远等译, 上海人民出版社, 格致出版社, 2020.

［53］［阿根廷］安德烈斯·奥本海默. 改变未来的机器：人工智能时代的生存之道 ［M］. 徐延才等译, 机械工业出版社, 2020.

［54］不求 AI 做得多, 但求做得对 ［N］. 文汇报, 2020－09－

14（6）.

［55］陈超. 多国"植物工厂"进入量产阶段［N］. 环球时报，2020-10-17（4）.

［56］陈坚. 未来食品，营养美好生活［N］. 人民日报，2023-02-15（20）.

［57］陈文玲. 当前世界的十大风险与挑战［N］. 参考消息，2020-06-17（11）.

［58］陈希蒙. 宁德时代德国工厂投产［N］. 经济日报，2023-01-30（4）.

［59］成仲. 三星发布6G白皮书：定义下一代超链接体验［N］. 环球时报，2020-07-21（11）.

［60］［美］大卫·克里斯蒂安. 极简人类史：从宇宙大爆炸到21世纪［M］. 王睿译，中信出版集团出版社，2016.

［61］［美］戴尔德丽·马斯克. 地址的故事［M］. 徐萍，谭新木译，上海社会科学院出版社，2022.

［62］德国大力资助本土电池业发展［N］. 人民日报，2020-07-08（17）.

［63］邓自刚. 高速磁浮　前景广阔（开卷知新）［N］. 人民日报，2021-11-02（20）.

［64］丁曦林. 从"至尊老人的家"到"成就老年价值"［N］. 文汇报，2020-07-20（4）.

［65］丁怡婷. 以智能建造助力"中国建造"［N］. 人民日报，2022-08-19（5）.

［66］樊巍，曹思琦．中国"人造太阳"如何突破"卡脖子"［N］．环球时报，2022-06-25（4）．

［67］顾朝林，管卫华，刘合林．中国城镇化2050：SD模型与过程模拟［J］．中国科学，2017（7）．

［68］顾春等．"以竹代塑"潜力大［N］．人民日报，2023-01-13（13）．

［69］郭树华，包伟杰．美国产业结构演进及对中国的启示［J］．思想战线，2018（2）．

［70］韩茂莉．近五百年来玉米在中国境内的传播［J］．中国文化研究，2007（1）．

［71］杭添仁．阿联酋"希望"号拉开多国"探火"大幕［N］．参考消息，2020-07-21（8）．

［72］郝静．2050年沿海地区洪灾损失将达数以万亿［N］．中国气象报，2013-08-26（3）．

［73］何炳棣．明初以降人口及其相关问题（1368—1953）［M］．三联书店，2000．

［74］何欣荣．未来30年，上海会怎样？［N］．新华每日电讯，2014-11-30（3）．

［75］候涛，王潭．探索火星贯穿人类航天史［N］．环球时报，2020-07-28（13）．

［76］胡鞍钢，任皓．2050中国：全面建成世界科技创新强国［J］．中国科学院院刊，2017（12）．

［77］花放．德国加大氢能源技术研发投入［N］．人民日报，

2021-02-08（16）.

［78］黄培昭.埃及计划投建绿色能源海水淡化厂［N］.人民日报，2021-09-15（17）.

［79］黄鑫，崔浩.机器人产业迎来新一轮增长［N］.经济日报，2023-02-10（6）.

［80］江绵恒.记录人工智能发展中的一段重要历史［N］.文汇读书周报，2020-07-17（3）.

［81］姜波.巴塞罗那——创新城市发展思路［N］.人民日报，2020-07-29（17）.

［82］杰里米·里夫金.中国正把钱花在该花的地方［N］.环球时报，2020-07-18（4）.

［83］［美］克雷格·兰伯特.无偿：共享经济时代如何重新定义工作？［M］.孟波等译，广东人民出版社，2016.

［84］寇江泽.有力有序有效治理塑料污染［N］.人民日报，2021-01-19（7）.

［85］劳伦斯·史密斯.2050：人类大迁徙［M］.廖月娟译，浙江人民出版社，2016.

［86］李强.德国杜塞尔多夫塑料展聚焦循环经济［N］.人民日报，2022-11-01（17）.

［87］李强.德国推动发展绿色氢能源［N］.人民日报，2020-06-24（17）.

［88］李清明等.国内外植物工厂研究进展与发展趋势［J］.农业工程技术，2022（10）.

［89］李兴萍．十八个新职业信息向社会公示［N］．人民日报，2022-06-15（13）．

［90］李长安．推动素质红利逐步取代人口红利［N］．环球时报，2021-05-12（15）．

［91］联合国经济和社会事务部．世界人口展望2022：发现提要［J］．2022（7）．

［92］廉海东．塑料代替混凝土将带来建筑革命［N］．参考消息，2022-03-08．

［93］［英］琳达·格拉顿，安德鲁·斯科特．百岁人生［M］．吴奕俊译，中信出版集团，2018．

［94］凌馨，康希．国际生产体系十年内将深度转型［N］．参考消息，2020-06-22（11）．

［95］刘畅．"垃圾岛"日益成为海洋毒瘤［N］．参考消息，2020-08-24（7）．

［96］刘畅．"未来肉类"悄然走向人们的餐桌［N］．文汇报，2020-08-10（7）．

［97］刘戈．实现"中产倍增"的密码，藏在这里［N］．环球时报，2020-09-22（14）．

［98］刘广伟．制止粮食浪费刻不容缓［N］．环球时报，2020-08-13（15）．

［99］刘军国．日本老龄化问题加剧［N］．人民日报，2020-04-21（17）．

［100］刘军国．日本企业限塑中寻商机［N］．人民日报，

2020-07-29（17）.

　　［101］刘玲玲.法国"反食品浪费"商店受欢迎［N］.人民日报，2022-04-18（16）.

　　［102］刘玲玲等.多国加快机器人产业融合创新发展［N］.人民日报，2022-10-31（14）.

　　［103］刘玲玲等.多国力推氢能产业发展［N］.人民日报，2020-10-30（16）.

　　［104］刘玲玲，马菲.多国积极应对超高龄社会挑战［N］.人民日报，2020-05-13（16）.

　　［105］陆新蕾.1953：现代人口普查在中国的确立［N］.文汇学人，2020-11-20（2）.

　　［106］陆娅楠.到2035年，中国铁路什么样［N］.人民日报，2020-08-14（8）.

　　［107］马菲.韩国出台新政策应对低生育率挑战［N］.人民日报，2021-01-26（17）.

　　［108］［美］马克·佩恩，E.金尼·扎莱纳.小趋势：决定未来大变革的潜藏力量［M］.刘庸安等译，上海社会科学院出版社，2019（1）.

　　［109］马明轩."氢能社会"，30年后到来［N］.中国石化报，2020-10-23（5）.

　　［110］［美］梅琳达·盖茨等.超级技术：改变未来社会和商业的技术趋势［M］.中信出版社，2017.

　　［111］迷你核反应堆可用卡车运输［N］.参考消息，2022-

04－26（6）.

［112］欧盟发力与 SpaceX "太空竞争" ［N］. 参考消息, 2020－07－07（11）.

［113］欧洲各国积极推进 "绿色复苏" ［N］. 人民日报, 2020－09－02（17）.

［114］庞之浩. 火星探测又掀新高潮 ［N］. 人民日报, 2020－08－12（17）.

［115］乔文汇, 纪文慧. 植物工厂前景好 ［N］. 经济日报, 2023－3－30（12）.

［116］裘雯涵. 非洲最热闹城市可能在 2050 年被淹没? ［N］. 解放日报, 2021－08－21（8）.

［117］去新加坡搞 "人造食品" 能赚钱吗 ［N］. 环球时报, 2020－09－23（13）.

［118］全球数亿人面临粮食匮乏风险 ［N］. 参考消息, 2020－04－05（6）.

［119］人类面临哪些 "生存风险"? ［N］. 环球时报, 2020－07－27（5）.

［120］赛汉卓娜. 走向 "移民社会" 的日本 ［J］. 世界知识, 2022（9）.

［121］上海高校布新局落新子拓宽 AI 人才新赛道 ［N］. 文汇报, 2020－07－02（1）.

［122］上海交通大学与美国南加州大学联合团队 ［R］. 2020 年国际文化大城市评价报告, 2021.

［123］上海市民政局．大城养老［M］．上海人民出版社，2017．

［124］尚凯元．持续推进"新塑料经济"［N］．人民日报，2020-07-15（17）．

［125］佘惠敏．为中国工业机器人的进步点赞［N］．经济日报，2022-12-17（5）．

［126］宋国友．借家庭规模缩小唱衰中国，错在哪？［N］．环球时报，2021-05-18（14）．

［127］汤立斌．日本大力发展智慧城市技术［N］．参考消息，2020-9-10．

［128］汤立斌．中国最全面禁塑政策影响深远［N］．参考消息，2020-09-14（15）．

［129］唐一尘．2050 年 139 个国家有望全部使用清洁能源［N］．中国科学报，2017-08-30（2）．

［130］王菡娟．从全球到中国：塑料生产、消费、废弃、回收利用［N］．人民政协报，2022-06-23（6）．

［131］王露露．研究称沿海地区极端洪水或威胁全球 20% 的资产安全［N］．参考消息网，2020-07-31（7）．

［132］王培琳．2050 年以后有望实现立体智慧出行［N］．海南日报，2021-09-16（3）．

［133］王烨捷．打好"上海牌"引来"顶流"海归［N］．中国青年报，2021-02-05（1）．

［134］王义桅．新冠疫情是世界历史发展分水岭［N］．参考

消息，2020-06-04（11）.

［135］王元丰．推进"双循环"，创新治理很重要［N］．环球时报，2020-09-23（15）.

［136］王振杰．用人工智能激发人才红利［N］．经济日报，2023-02-08（5）.

［137］卫嘉．未来在乡间？法媒称疫情使人们更向往乡村生活［N］．参考消息，2020-04-30（12）.

［138］卫嘉．新冠疫情让人们重新定义城市化［N］．参考消息，2020-04-30（12）.

［139］我国新能源汽车产销连续8年全球第一［N］．人民日报，2023-01-24（1）.

［140］星辰大海的征途，中国将这样迈进［N］．文汇报，2023-01-26（3）.

［141］许琦敏．技术赋能"免疫力"，未来城市将更具韧性［N］．文汇报，2020-04-16（3）.

［142］许心怡．节约粮食，一种生活习惯［N］．人民日报，2020-09-01（18）.

［143］［俄］亚历山大·亚历山德罗维奇·登金．2035年的世界：全球预测［M］．时事出版社，2019.

［144］杨舸．积极挖掘人口机遇［N］．光明日报，2023-01-30（2）.

［145］杨其长．植物工厂［M］．清华大学出版社，2019.

［146］杨文庄．鼓励地方在降低生育养育成本上大胆创新

［J］．人口与健康，2023（1）．

［147］姚金楠．预测2050年氢能可满足英国半数能源需求［N］．中国石化报，2020-07-10（5）．

［148］余娟娟，龚同．全球碳转移网络的解构与影响因素分析［J］．中国人口·资源与环境，2020，30（8）．

［149］［美］约翰·麦克尼尔．阳光下的新事物——20世纪世界环境史［M］．韩莉，韩晓雯译，商务印书馆出版社，2013．

［150］张凡．高速磁浮，激荡速度与梦想［N］．人民日报，2020-07-08（5）．

［151］张家栋．预言"石油时代"落幕为时尚早［N］．环球时报，2020-09-30（14）．

［152］张朋辉．应对气候变暖面临更大挑战［N］．人民日报，2020-07-14（17）．

［153］张天虹．再论唐代长安人口的数量问题［J］．唐都学刊，2008（3）．

［154］张威威．肉类产业的革命已启动［N］．参考消息，2020-07-06（12）．

［155］张颐武．中国老龄人口带来文化新可能［N］．环球时报，2021-05-14（13）．

［156］赵益普．新加坡积极发展城市农场［N］．人民日报，2022-12-06（17）．

［157］赵忠．从国家战略高度应对人口老龄化［N］．人民日报，2021-04-29（5）．

［158］郑彬．欧洲多国探索 3D 打印建筑［N］．人民日报，2022-04-15（16）.

［159］郑彬等．加强塑料污染治理，共同守护海洋生态［N］．人民日报，2020-10-28（14）.

［160］郑蔚．"天问一号"怎么去火星？为什么去火星？［N］．文汇报，2020-07-20（3）.

［161］郑永春．火星探测极简史［J］．科学，2021（4）.

［162］中国科学技术协会．面向未来的科技——2020 重大科学问题和工程技术难题解读［M］．中国科学技术出版社，2021.

［163］仲蕊．可再生能源就业岗位 2050 年将增加五倍［N］．中国能源报，2021-08-12（6）.

［164］抓住"去塑料"潮流带来的商机　日企开发纸产品替代塑料［N］．参考消息，2020-07-04.

［165］［日］佐藤将之．贝佐斯如何开会［M］．张含笑译，万卷出版公司，2021.

［166］［日］斋藤幸平．人类世的"资本论"［M］．王盈译，上海译文出版社，2023。